高等职业教育财经商贸类专业系列教材

统计数据分析基础

主　编　华冬芳　华宇哲
副主编　费静雯　吴　桑　肖陆嘉

科学出版社
北　京

内容简介

本书系统地介绍了统计数据分析工作流程及统计数据分析的基本知识和基础技能。全书通过设置五个场景式项目，直观且具象地帮助读者更清晰地认识社会现象，更专业地分析财务报表，更敏锐地洞察电商数据，更全面地解读物流信息。本书涵盖的知识点包括统计、统计数据、频率分析、交叉表分析、满意度分析、指标分析、相关性分析、线性回归分析、时间序列分析、行业耦合度分析、统计报告撰写、Excel 软件和 SPSS 软件在统计数据分析中的应用等。深入浅出的内容，让统计数据分析的学习既有趣又自然，让读者在充分掌握统计数据分析要义的同时，将统计数据分析的能力应用到日常生活中。从应对考试到解决实际问题，不论是学生还是数据使用者，都能从中受益。

本书适合作为高职高专院校财经商贸类和物流管理类专业的教材，也可供统计从业人员参考。

图书在版编目（CIP）数据

统计数据分析基础 / 华冬芳，华宇哲主编. — 北京：科学出版社，2024. 6.
（高等职业教育财经商贸类专业系列教材）. — ISBN 978-7-03-078712-5

Ⅰ. O212.1

中国国家版本馆 CIP 数据核字第 2024R2R375 号

责任编辑：薛飞丽　周春梅 / 责任校对：马英菊
责任印制：吕春珉 / 封面设计：东方人华平面设计部

科 学 出 版 社 出版
北京东黄城根北街 16 号
邮政编码：100717
http://www.sciencep.com
天津翔远印刷有限公司印刷
科学出版社发行　　各地新华书店经销
*
2024 年 6 月第 一 版　　开本：787×1092　1/16
2024 年 6 月第一次印刷　　印张：11
字数：260 000
定价：49.00 元
（如有印装质量问题，我社负责调换）
销售部电话 010-62136230　编辑部电话 010-62135397-2030

前　言 ▶▶

21 世纪以来，互联网技术高速发展，我们迎来了大数据时代，数据已不再是冰冷的符号，而是迅速成为最为重要的资源禀赋之一。数据技术被广泛应用于网络购物、移动支付、智慧交通、智能生产等生产生活的各个场景中，以数据价值为核心的数字经济成为全球社会经济发展的新引擎。数据之所以能产生价值，源于统计学学科的发展。数字经济时代，学习并掌握统计学相关知识就像读书和写字一样，已经成为人们生存、生活和发展的必备技能。

为深入贯彻党的二十大精神有关人才、科技、创新战略部署要求，编者结合数字经济发展趋势，围绕数据作为新型生产要素在社会经济发展中的结构性基础功能地位，聚焦高职高专新商科人才类型培养的特征变化，根据教育部高职高专院校专业基础课程教学的基本要求，广泛吸收国内外研究的优秀成果，并总结多年来的统计教学实践经验，针对高等职业教育教学特点，理实结合，系统架构了统计数据分析基础知识体系。读者通过本书的学习能够较为系统地掌握统计基本理论、基本方法和数据分析的基本功，为解锁商业密码打下基础。

本书由高校、统计行业企业合作开发编写。相较于同类书籍，本书结构清晰、内容翔实、实践性强，具有以下四个显著特点。

一是内容理实结合。本书共五个项目，分理论和实践两块。项目一为统计与数据相关理论概述，项目二至项目五分别从调查、财务、电商、物流四个方面设置项目情景、项目目标、知识导图等模块，每个任务设置任务情景、工作准备、训练操作等内容，引入真实案例。理实结合的内容设置，既能增强学生学习的针对性，又能提高学生的统计数据分析能力。

二是知识结构遵循项目化逻辑。本书遵循以职业能力为目标、以项目设计为载体、以工作过程为指导的编写思路，注重理论与实务并重、知识与技能并重，以"主体教材"+"拓展、互动教学资源库"的模式呈现，实现理论教学与实践教学的一体化，有助于锻炼高职高专学生解决实际问题的能力。

三是知识和案例的可操作性强。项目二至项目五的实践部分，精心挑选实际生产生活中运用 Excel、SPSS 等软件分析与处理数据的案例，具有操作简单、针对性强、实用性强等特点，尽量精讲理论和步骤，从而激发读者的操作兴趣。

四是积极探索思政元素和统计数据分析知识互融。在案例设计方面，本书重点选择能展现改革开放以来，尤其是党的十八大以来，我国经济社会发展全貌的中宏观数据统计案例。通过数据的展示与分析，让数据说话，展现我国部分社会经济领域发展的伟大成就，让学生认识时代、了解国情，激发学生爱国热情。在实践操作上，全书贯彻培养科学精神的宗旨，引导学生在统计调查过程中实事求是、严谨求真，培养学生耐心细致的工作作风和精益求精的工匠精神。

　　本书由华冬芳、华宇哲担任主编，费静雯、吴桑、肖陆嘉担任副主编，华冬芳拟定编写大纲，并与华宇哲一起负责全书的总纂、定稿，无锡科技职业学院统计数据分析基础课程组成员共同完成编写。具体分工如下：项目一由华冬芳、华宇哲、肖陆嘉、费静雯、吴桑共同编写，项目二由华冬芳编写，项目三由华宇哲编写，项目四由费静雯编写，项目五由吴桑编写。编者在编写中参阅了大量资料和著作，并吸收了一些同行的成果，在此表示感谢。

　　由于编者的水平有限，本书难免存在不足之处，恳请读者提出批评和建议。

目　　录 ▶▶

项目一　走进统计与统计数据

项目情景

　　自 18 世纪以来，《红楼梦》的艺术魅力吸引了无数读者，与该书相关的一系列问题引起了不少《红楼梦》爱好者的广泛探索和研究，目前已经形成了一门国际性的学问——红学。《红楼梦》的著作权问题是红学研究的一个重要问题，长期以来对后 40 回的作者是否为高鹗这一问题还有不少争议。那么能否从统计上做出回答呢？1986 年，美国威斯康星大学的陈炳藻利用计算机对《红楼梦》前 80 回和后 40 回的用字进行了测定，并从数理统计学的观点出发，探讨《红楼梦》前后用字的相关程度，推断得出前 80 回与后 40 回的作者均为曹雪芹一人的结论。1987 年，复旦大学数学系教授李贤平带领他的学生将 120 回看成 120 个样本，确定与情节无关的 47 个虚词作为变量，统计出每一回里变量出现的次数并将其作为数据，用多元统计中的聚类分析法进行合并，将 120 回分成两类（前 80 回为一类，后 40 回为一类），很形象地证实了两类不是出自同一人的手笔。尽管两位学者的研究结果不一致，但应用统计技术来研究《红楼梦》这部伟大的文学作品，确实别有一番新天地，拓宽了研究视野。这正应了文理兼通出创意的道理。

项目目标

◆　知识目标

1. 理解统计的重要性；
2. 掌握统计概念，如总体、样本、变量和不同类型的统计数据；
3. 熟悉统计工作的各个阶段，并直观地掌握统计数据源。

◆　技能目标

1. 掌握统计调查的方式与方法，能自主使用统计工具分析各种来源的数据；
2. 可以独立应用统计调查的方式与方法分析现实世界的问题，如文学作品的统计研究。

◆　素养目标

1. 能够在学习统计数据分析基础知识的过程中逐渐养成统计分析思维，提升解决问题的能力，以及在不同领域应用统计方法的能力；
2. 逐渐养成能够将统计知识与其他学科相结合的能力，从而拓宽学生的视野，增强创造力。

知识导图

```
                                        ┌─ 统计的概念
                          ┌─ 认识统计 ──┼─ 统计学的基本指标
                          │             └─ 统计调查的形式与方法
   走进统计 ──────────────┤
   与统计数据              │             ┌─ 数据的概念
                          └─ 认识统计数据 ┼─ 统计数据的概念
                                        └─ 统计数据的整理
```

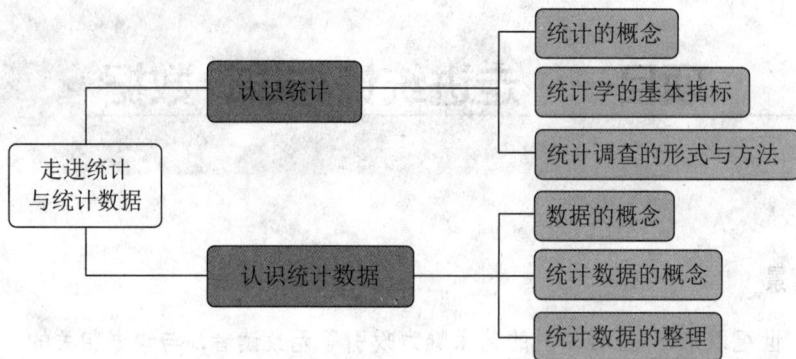

任务一　认 识 统 计

一、任务情景

（一）任务背景

本任务从统计的重要性出发，学习统计的含义、统计工作过程的几个阶段，对统计数据来源有较直观的认识，并学习统计总体、总体单位、样本、标志、指标、变异与变量等统计学中的一些基本概念。

（二）任务布置

1. 任务思考

（1）什么是统计？
（2）如何梳理统计所包含的几个含义之间的关系？
（3）统计调查的方式与方法具体有哪些？

2. 实验操作

（1）完成统计学的基本概念相关练习。
（2）完成统计调查的方式与方法相关练习。

二、工作准备

（一）统计的概念

统计学（statistics）是通过搜索、整理、分析、描述数据等手段，以达到推断所测

认识统计

对象的本质，甚至预测对象未来的一门综合性科学。统计学用到了大量的数学及其他学科的专业知识，其应用范围几乎覆盖了社会科学和自然科学的各个领域。简单来说，统计学就是一门收集、分类、处理并且分析事实和数据的科学。统计学的核心是应用和数据，就是通过分析数据来深刻地探索这个世界。

统计一词包含三个方面的含义：统计工作、统计资料、统计学。统计工作是指搜集、整理和分析客观事物总体数量方面资料的工作过程，是统计的基础；统计资料是指统计工作过程中所取得的各项数字资料及有关文字资料，一般反映在统计表、统计图、统计手册、统计年鉴、统计资料汇编和统计分析报告中；统计学是指研究如何搜集、整理和分析统计资料的理论与方法。

统计工作、统计资料、统计学之间的相互关系是：统计工作与统计资料是过程与结果关系，统计工作、统计资料与统计学是实践与理论关系。具体如图 1-1 所示。

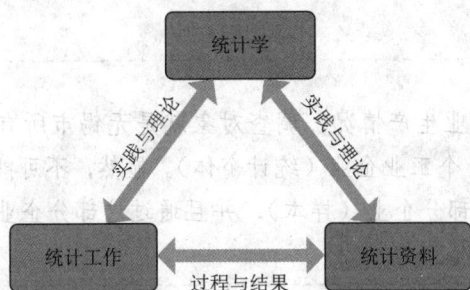

图 1-1　统计所包含的三个含义之间的关系

在现代社会，统计学逐渐推广到社会科学、自然科学和工程技术科学等越来越多的领域，应用例子更是多如繁星、数不胜数。美国零售巨头沃尔玛归纳分析了消费者的购物小票，发现年轻爸爸们在购买尿布时，常常会搭买啤酒，好在晚上看电视时过过酒瘾。于是，沃尔玛将两者放在一起销售，使尿布和啤酒的销量均大幅增加，这就是著名的统计应用案例——"啤酒与尿布"。

（二）统计学的基本指标

1. 总体、个体和样本

总体，又称统计总体，是指根据研究目的和要求确定的研究事物的全体，是由具有某种共同性质的多个个别事物组成的。

个体，又称统计单位，是构成总体的个别事物。

样本，又称样本总体，是从总体中抽取的部分个体所组成的整体。样本中所包含的单位的个数称为样本容量。通常样本容量用 n 表示，全集总体的单位数用 N 表示。

样本与总体、个体的区别在于样本是总体的一部分，是由采用一定的方法从总体

中抽取的部分个体构成的，样本不能涵盖所有的个体。总体、样本、个体之间的关系如图 1-2 所示。

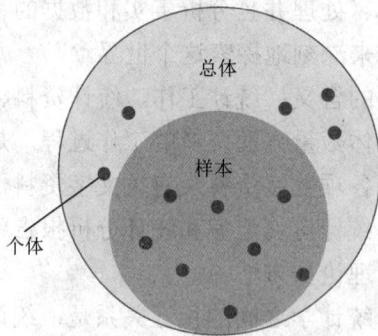

图 1-2　总体、样本、个体之间的关系

理一理

调查江苏省工业企业生产情况，调查对象就是无锡市所有的工业企业（统计总体），调查单位就是每一个工业企业（统计个体）。显然，不可能去调查所有的工业企业，而只能走访、调查部分企业（样本），并且通过这部分企业的数据来反映整个江苏省工业企业的生产情况。

2. 标志和指标

标志，是说明总体单位数量特征或属性特征的名称。标志按变异情况分为不变标志和可变标志。不变标志是指总体中所有总体单位具有相同具体表现的标志，体现了总体的同质性，一般在一个总体中，往往只存在一个不变标志。可变标志是指在总体中各总体单位之间具有不同的具体表现的标志，在一个总体中往往存在多个可变标志。

指标，是说明总体的数量特征的名称。指标按其所反映总体现象的内容不同分为数量指标和质量指标。数量指标反映总体绝对数量的多少，用绝对数表示，如人口数、工资总额、货物运输量等。质量指标反映总体内部的数量关系，如人口的性别构成、年龄构成、平均工资等。

标志与指标两者既有区别又有联系。两者之间的区别表现在：一是指标说明总体特征，标志说明单位特征；二是标志有不能用数值表示的品质标志和能用数值表示的数量标志，而指标都是用数值来表示的。两者之间的联系表现在：一是统计指标的数值是从总体单位的数量标志汇总而来的，二是指标与数量标志之间存在变换关系。

3. 变量和变异

变量，是可变的数量标志，其中标志是说明总体单位属性和特征的名称。例如，性别、年龄、职业、教育程度、收入等人口统计变量。又如，为了预测明年的销售量，所搜集到的数据，如广告费、人事费、销售人员数等，也都是变量。

> **理一理**
>
> 在现实生活或自然界中的一些现象，通常都不是单一变量可以描述清楚的。例如，要描述某一个人，仅使用性别变量，说他（或她）是男性（或女性），肯定是无法描述完整的。但随着变量（如年龄、肤色、头发、身高、体重、民族等）的增加，可以逐渐描述得更清楚一些。

变量可分为定性变量、定序变量和定量变量。定性变量，又称离散变量或分类变量。例如，使用的手机品牌、学生所在的学院、就读的班级、宗教信仰、参加的社团、喜好的运动、最常饮用的饮料类别、最喜欢的歌手、最喜欢的影星、民族、党派，均属定性变量。定性变量的观测结果称为分类数据。例如，性别可分为男[1]、女[2]。定序变量，又称有序变量或有序分类变量，是按类别进行排列的变量。例如，成绩可分为优[5]、良[4]、中[3]、及格[2]、不及格[1]，文化程度可分为小学[1]、中学[2]、大学[3]、研究生[4]，评价可分为非常重要[5]、重要[4]、一般[3]、不重要[2]、非常不重要[1]。定量变量，又称数值型变量。例如，成绩、年龄、收入、体重、身高、智商、国民生产总值、温度等均属于定量变量。在实际应用中，变量类型一般只分为定性变量（分类变量）和定量变量（数值型变量）两大类。

变异，是标志或指标的具体表现之间的差异，如年龄标志表现为 18 岁、28 岁等，性别标志表现为男、女。变异是普遍存在的，否则就不用统计了。变异分为属性变异和数值变异。属性变异是指现象品质标志具体表现的差异。数值变异是指现象数量标志具体表现的差异。例如，教师职称有教授、副教授、讲师、助教等差异，即为属性变异，而教师工龄的不同则为数值变异。

（三）统计调查的形式与方法

统计调查是根据统计工作的目的、任务和要求，运用科学的调查方法，有计划、有组织地向社会收集数据资料的过程。

1. 统计调查的形式

为适应市场经济发展的需要，我国的统计调查方式彻底改变了以往的单一模式，发展为以必要的周期性普查为基础，以经常性的抽样调查为主导，同时辅之以重点调查、科学推算和全面报表综合运用的调查方式体系。统计

统计调查概论

调查的形式多种多样，根据相关的标志分类，其形式如图 1-3 所示。

图 1-3　统计调查的形式

在统计调查形式体系中，以必要的周期性普查为基础，以经常性的抽样调查为主导，体现了与国际惯例的接轨；辅之以重点调查、科学推算和全面报表综合运用，则体现了中国特色。

（1）普查

普查是一种为了特定目的而专门组织的一次性的全面调查。普查一般用来调查社会经济现象在一定时点上的总量，也可用来反映时期现象，通常是一个国家或地区为详细调查某些不能够或不适宜采用定期的全面统计报表方式采集的国情、国力方面的统计资料而组织的全面调查。

统计调查的组织形式（1）

我国普查实行规范化和制度化，每逢末尾数字为"0"的年份进行人口普查，每逢末尾数字为"3""8"的年份进行经济普查，末尾数字为"5"的年份进行工业普查，每逢末尾数字为"1"或"6"的年份进行基本单位普查。

理一理

普查的优点：

➤ 由于普查是调查某一人群的所有成员，因此在确定调查对象上比较简单。

➤ 所获得的资料全面，可以知道全部调查对象的相关情况，准确性高。

➤ 普查所获得的数据为抽样调查或其他调查提供基本依据。

普查的缺点：

> ➢ 工作量大，花费大，组织工作复杂。
> ➢ 调查内容有限。
> ➢ 易产生重复和遗漏现象。
> ➢ 由于工作量大而可能导致调查的精确度下降，调查质量不易控制。

拓展阅读

国务院关于开展第五次全国经济普查的通知
国发〔2022〕22 号

各省、自治区、直辖市人民政府，国务院各部委、各直属机构：

根据《全国经济普查条例》的规定，国务院决定于 2023 年开展第五次全国经济普查。现将有关事项通知如下：

一、总体要求

（一）指导思想。以习近平新时代中国特色社会主义思想为指导，深入贯彻党的二十大精神，认真落实党中央、国务院决策部署，完整、准确、全面贯彻新发展理念，加快构建新发展格局，着力推动高质量发展，坚持依法普查、科学普查、为民普查，坚持实事求是、改革创新，确保普查数据真实准确，全面客观反映我国经济社会发展状况。

（二）普查目的。第五次全国经济普查是一项重大国情国力调查，将首次统筹开展投入产出调查，全面调查我国第二产业和第三产业发展规模、布局和效益，摸清各类单位基本情况，掌握国民经济行业间经济联系，客观反映推动高质量发展、构建新发展格局、建设现代化经济体系、深化供给侧结构性改革以及创新驱动发展、区域协调发展、生态文明建设、高水平对外开放、公共服务体系建设等方面的新进展。通过普查，进一步夯实统计基础，推进统计现代化改革，为加强和改善宏观经济治理、科学制定中长期发展规划、全面建设社会主义现代化国家，提供科学准确的统计信息支持。

二、普查对象和范围

普查的对象是在我国境内从事第二产业和第三产业活动的全部法人单位、产业活动单位和个体经营户。具体范围包括：采矿业，制造业，电力、热力、燃气及水生产和供应业，建筑业，批发和零售业，交通运输、仓储和邮政业，住宿和餐饮业，信息传输、软件和信息技术服务业，金融业，房地产业，租赁和商务服务业，科学研究和技术服务业，水利、环境和公共设施管理业，居民服务、修理和其他服务业，教育，卫生和社会工作，文化、体育和娱乐业，公共管理、社会保障和社会组织等。

三、普查内容和时间

普查的主要内容包括普查对象的基本情况、组织结构、人员工资、生产能力、财务状况、生产经营、能源生产和消费、研发活动、信息化建设和电子商务交易情况，以及投入结构、产品使用去向和固定资产投资构成情况等。

普查标准时点为 2023 年 12 月 31 日，普查时期资料为 2023 年年度资料。

四、普查组织实施

第五次全国经济普查调查内容增多、技术要求提高、工作难度加大，各地区、各部门要按照"全国统一领导、部门分工协作、地方分级负责、各方共同参与"的原则，统筹协调，优化方式，突出重点，创新手段，认真做好普查的宣传动员和组织实施工作。

（略）

五、普查经费保障

第五次全国经济普查所需经费，按现行经费渠道由中央和地方各级人民政府共同负担，列入相应年度财政预算，按时拨付，确保到位，保障普查工作顺利开展。

六、普查工作要求

（一）坚持依法普查。（略）

（二）确保数据质量。（略）

（三）创新手段方式。（略）

（四）强化宣传引导。（略）

国务院

2022 年 11 月 17 日

（资料来源：国家统计局）

（2）重点调查

重点调查是一种非全面调查，是指选择调查对象中的一部分重点所进行的调查。重点单位是指在总体中占举足轻重地位的部分，虽然这些单位可能数目不多，但是就调查的标志值来说，它们在总体中却占有很大的比重，能够反映出总体的基本情况。

统计调查的组织形式（2）

例如，鞍钢、宝钢、武钢、太钢、包钢等几个钢铁企业，虽然在全体钢铁企业中只占少数，但它们的产量却占绝大比重。对这些企业进行调查，就可以比全面调查更省时、省力，而且更加及时地了解全国钢铁生产的基本情况。

重点调查既可用于经常性调查（可以向重点单位布置定期上报），也可用于一次性调查。当任务只要求掌握调查对象的基本情况，而在总体中确实存在重点单位时，进行重点调查是比较适宜的。

理一理

重点调查的优点：

➤ 调查单位数目不多，可节省人力、物力、财力和时间。

> ➤ 可及时获取信息，了解和掌握总体的基本情况。
> ➤ 调查工作量小，易于组织。
>
> 重点调查的缺点：
> ➤ 当总体各单位发展比较平衡、呈现均匀分布时，不能采用重点调查。
> ➤ 当总体中的少数重点单位与众多的非重点单位的标志值结构不具有稳定性时，重点调查的结果只能说明总体的基本情况，而不能用来推断总体的数量特征。

（3）典型调查

典型调查就是根据研究目的，在对调查对象充分认识了解的基础上，有意识地选取若干具有典型意义或有代表性的单位进行的非全面调查。

典型调查的目的是通过调查来区别先进事物与落后事物，分别总结它们的经验教训，提出对策以促进事物的转化与发展。

典型调查具有以下两个突出的作用。

第一，研究处于萌芽状况的新生事物或某种倾向性的社会问题。通过对典型单位深入细致的调查，可以及时发现新情况、新问题，探索事物发展变化的趋势，形成科学的预见。

第二，分析事物的不同类型，研究它们之间的差别和相互关系。例如，要研究工业企业的经济效益问题，可以在同行业中选择一个或几个经济效益突出的单位做深入细致的调查，从中找出经济效益好的原因和经验，便于推广。

理一理

> 典型调查的优点：
> ➤ 能够获得比较真实和丰富的第一手资料。
> ➤ 调查单位少，可作深入细致的调查研究，以便深刻揭示事物的本质和规律。
> ➤ 调查范围小，调查单位少，可节省调查的人力、物力和财力。
> ➤ 机动灵活，节省时间，可迅速取得调查结果，快速反映市场情况。
>
> 典型调查的缺点：
> ➤ 典型单位的选择依赖于调查者的主观判断，难以完全避免主观随意性。
> ➤ 缺乏一定的连续性和持续性，不利于数据的动态分析。
> ➤ 用样本数据推断总体数量特征时，推断的精度不够高，如果样本的代表性不强，往往会产生较大误差。
> ➤ 对于调查结论的应用范围，一般根据调查者的经验判断，难以用科学的手段做出准确测定。

（4）抽样调查

从调查对象的总体中，随机地抽选出一部分单位作为总体的代表，被抽出来的这部分单位就叫作样本。抽样调查就是以样本指标数值来推算总体指标数值的一种调查。所以,虽然抽样调查是非全面调查,但是它的目的却在于取得反映全面情况的统计资料,在一定意义上可以起到全面调查的作用。

统计调查的方式多种多样,在调查研究项目中,除非重大的调查(如人口普查、经济普查等)一般都进行抽样调查。抽样调查主要有四种:简单随机抽样、等距随机抽样、整群随机抽样、分层随机抽样。

简单随机抽样,又称单纯随机抽样,是随机抽样中最简单的一种。简单随机抽样是从总体中不加任何分组、划类、排队等,完全随机地抽取调查单位。简单随机抽样一般应用于调研总体中各个体之间差异程度较小的情况,或者调研对象不明,难以分组、分类的情况。

等距随机抽样,又称机械抽样或系统抽样,运用等距随机抽样技术抽样,是先在总体中按某个标志将个体按顺序排列,并根据总体单位数和样本数计算出抽样距离(间隔),然后按相同的距离或间隔抽选样本单位。

理一理

从 110 家企业中采用等距随机抽样方法抽选 11 户进行调查,可以先对 110 家企业从 1 到 110 进行编号,随机抽出起抽号为 2 号,则所抽的样本是编号为 2、12、22、32、42、52、62、72、82、92、102 的 11 家企业。

在实际工作中,为了便于调查,节省人力和时间,往往是一批一批地抽取样本,每抽一批时,把其中所有单位加以登记,以此来推断总体的一般情况,这种抽样方式称为整群随机抽样。整群随机抽样的优点是组织工作比较方便。但是,整群随机抽样的抽样误差较大,代表性较差,在抽样调查实践中,采用整群随机抽样技术一般要比其他抽样技术抽选更多的单位,以降低抽样误差,提高抽样结果的准确程度。因此,在大规模的市场调查中,当群体内各单位间的误差较大,而各群体之间的差异较小时,适宜采用整群随机抽样方式。

分层随机抽样在市场调查中采用较多。它是在总体单位中先按照调查对象特征标识相关的标志进行分组(层),然后在各组(层)中采用简单随机抽样或等距随机抽样方式,确定所要抽取的单位。分层随机抽样有等比例分层抽样和非等比例分层抽样两种形式。等比例分层抽样,即按各层(或各类型)中的单位数量占总体单位数量的比例分配各层的样本数量。非等比例分层抽样不是按各层中单位数量占总体单位数量的比例分配样本单位,而是根据各层的变异数大小、抽取样本的工作量和费用大小等因素决定各层的样本抽取数。但是,在调查前,了解各层标志变异的大小是比较困难的。分层随机抽样一般比简单随机抽样更为精确,能够通过较少的抽样个体的调查,得到比较准确的推断结果,特别是当总体数目较大、内部结构复杂时,分层随机抽样常常能取得令人满意的效果。

例如，某地共有家庭 20 000 户，按经济收入高低进行分类，其中：高收入家庭为 4000 户，占总体的 20%；中收入家庭为 12 000 户，占总体的 60%；低收入家庭为 4000 户，占总体的 20%。从中抽取 200 户进行购买力调查，则各类型应抽取的样本单位数为：

$$高收入家庭的样本单位数 = \frac{4000}{20\,000} \times 200 = 40 （户）$$

$$中收入家庭的样本单位数 = \frac{12\,000}{20\,000} \times 200 = 120 （户）$$

$$低收入家庭的样本单位数 = \frac{4000}{20\,000} \times 200 = 40 （户）$$

理一理

抽样调查的优点：

➤ 调查方式科学。

➤ 调查费用经济。

➤ 信息获取及时。

➤ 调查结果准确。

抽样调查的缺点：

➤ 对抽样技术方案设计要求高，一般人员难以胜任。

➤ 如果抽样技术方案设计存在严重的缺陷，往往会导致抽样调查的失败。

2. 统计调查的方法

统计调查用来搜集统计数据资料，是一项技术性较强的活动。运用合理、适当的调查方式，是及时、准确地取得统计资料的保证。具体的调查方法有直接观察法、报告法、采访法、通信法、问卷法、网上调查法、电话调查法和文献法等。

统计调查的方法

（1）直接观察法

直接观察法是由调查人员亲自到现场对调查单位进行观察和计量以取得资料的一种调查方法。例如，调查人员对库存的产品、商品直接盘点计数，以掌握产品或商品的库存数据等。

直接观察法具有如下特点：

➤ 由调查员到调查现场，按照预定计划，细致地观察与调查项目有关的问题，以便获取客观、准确的第一手资料。

➤ 由调查者深入现场，去听、去看、去计数、去测量，从而获得大量生动具体的一手资料。

➤ 通常只能获得现场资料，难以观察和重现过去的现象。

➢ 需要花费大量的人力、物力、财力和时间，因此在应用上受到限制。

➢ 存在调查者与被调查者的主、客观因素问题，使调查资料的客观性受到影响。

（2）报告法

报告法，又称凭证法，是指报告单位以各种原始记录和核算资料为依据，向有关单位提供调查资料的一种调查方法。我国现行统计报表制度就是采用这种方法搜集资料的。有些专门调查，如工业普查资料的搜集，也是采用这种方法。

与其他调查方法相比较，报告法具有如下特点：

➢ 统一性和时效性。由于报告法的表格形式、指标体系、口径、范围及报送程序等都是统一规定的，各报告单位只是按规定执行，所以保证了资料的统一性和时效性。

➢ 周期性。采用报告法搜集资料，往往是按相等的时间间隔定期进行，资料具有动态衔接性和可比性。

➢ 相对可靠性。报告法建立在基层单位的原始记录和核算资料的基础上，故资料具有相对可靠性。

➢ 灵活性差。自下而上的报告制度需要严密的组织工作，使实际操作中的难度增大，降低了灵活性。

（3）采访法

采访法，又称访问法，是指由调查人员根据调查提纲或调查问卷向被调查者提出问题，根据被调查者的答复以取得统计资料的一种调查方法。采访法可以分为个别采访法和集体采访法。

个别采访法是指由调查人员对每一个被调查者逐一提出所要调查的问题，由被调查者口头回答以取得调查资料的一种调查方法。个别采访形式灵活，便于被调查者理解调查目的和调查项目，在某种程度上也可观察被调查者的态度、心理等，以判断访问结果的准确性。

集体采访法是指通过开调查会，请熟悉调查内容的人进行座谈以取得调查资料的一种调查方法。这种方法便于集思广益，利于相互启发、相互质疑，开展讨论并形成观点。

采访法具有如下特点：

➢ 由于调查人员与被调查者直接接触，逐项研究问题，因而搜集的资料比较准确。

➢ 调查所需要的人力、费用较多。

➢ 对调查人员的要求较高，如要求熟悉调查内容、知识面广、公关能力强、态度及心理素质较好等。

（4）通信法

通信法是指由调查者将调查表邮寄给被调查者，由被调查者根据调查的要求填写并寄回，以取得资料的一种调查方法。

通信法具有如下特点：

> 可以扩大调查的地域和范围，所需经费相对较少。
> 被调查者有充足的时间思考和回答问题。
> 被调查者的数量不宜太多，调查项目不宜过于复杂。
> 调查表的回收、调查内容的理解和回答的准确性、可靠性等难以得到有效保证。

（5）问卷法

问卷法是指调查者运用统一设计好的询问提纲或调查表，向被调查者了解情况、搜集资料的一种调查方法。问卷调查法的内容涉及政治、经济、科技、文化教育等，是国际通行的一种调查方法，也是近年来在我国推行最快、应用最广的一种调查手段。问卷调查法多用于非全面调查，调查单位的选择一般按随机原则来抽取。

问卷调查法具有如下特点：

> 通俗易懂，实施方便，适用于各种范围与环境。
> 易于对资料进行处理和定量分析。
> 节约时间和人力、财力，能提高调查效率等。

（6）网上调查法

网上调查法是指通过互联网发布调查问卷来收集、记录、整理和分析市场信息以取得调查资料的一种调查方法。随着计算机、通信和互联网的发展和普及，网上调查法的应用越来越广泛。

网上调查法具有传统调查法所不可比拟的优点：

> 速度快，成本低。网上调查是无纸化调查，不需要派出调查人员，可在短时间内完成调查任务，成本大幅度降低。
> 市场调查对象广泛。网上调查借助网络优势，可以广泛联系各网站进行联合调查。
> 客观性强。网上调查的被调查网民是在一种相对轻松的气氛下接受调查的，不会受到调查人员及其他外在因素的误导和干预，能最大限度地保证结果的客观性，同时被调查者是在完全自愿的原则下参与调查的，功利性少，得出的结果具有客观性。
> 可视性强。利用多媒体技术，可以使调查更加生动、形象、直观。

网上调查的优势十分明显，但也存在一定的缺陷，如样本代表性不够、资料安全性较低等。

（7）电话调查法

电话调查法是指调查人员利用电话工具，对被调查者进行语言访问来搜集信息的一种调查方法。电话调查法要求调查人员熟悉调查项目，有熟练的计算机操作技能，有清晰准确的语言表达能力。

（8）文献法

文献法，又称文案调查法，是指根据调查目的，通过浏览著作、报告、论文、统计或业务报表等获得所需要的研究信息的一种调查方法，如财务数据收集主要运用的就是文献法。这种调查方法不受时间和空间限制，节省人、财、物、时间等资源，获得的信息量大。

理一理

文献法的优点：

➤ 获取资料较为方便、容易。

➤ 调查费用低。

文献法的缺点：

➤ 较多依赖历史资料，难以适应和反映现实中正在发生的新情况、新问题。

➤ 所获取的资料是为其他目的而采集的，在时间上、资料的完整性上具有一定的局限性。

统计调查的各种方法各有特点，在实际工作中可以灵活运用。

三、训练操作

1. 从一批袋装奶粉中随机抽取 1000 袋进行检验，这种调查是（　　　　）。

    A. 普查　　　　　B. 重点调查　　　　　C. 抽样调查　　　　D. 典型调查

2. 对某超市全体员工进行身体健康状况调查，调查单位是（　　　　）。

    A. 每位员工　　　B. 所有员工　　　　　C. 所有商品　　　　D. 每一件商品

3. 普查人口 2020 年 11 月 1 日零时的状况，要求将调查单位的资料在 2020 年 11 月 10 日前登记完成，则普查的标准时间是（　　　　）。

    A. 2020 年 10 月 31 日 24 时　　　　　　B. 2020 年 11 月 10 日零时

    C. 2020 年 11 月 9 日 24 时　　　　　　 D. 2020 年 11 月 1 日 24 时

4. 某市 2022 年工业企业经济活动成果的统计年报的呈报时间为 2022 年 1 月 31 日，则调查期限为（　　　　）。

    A. 一年　　　　　B. 一年零一个月　　　C. 一个月　　　　　D. 一天

5. 有意识地选取若干块水田，测算粮食产量来估算该地区的粮食收成情况，这种调查属于（　　　　）。

    A. 普查　　　　　B. 重点调查　　　　　C. 抽样调查　　　　D. 典型调查

6. 要了解 100 名学生的学习情况，则总体单位是（　　　　）。

    A. 100 名学生　　　　　　　　　　　　B. 每名学生

    C. 100 名学生的学习成绩　　　　　　　D. 每名学生的学习成绩

7. 5 名学生"统计学"测验成绩分别为 79 分、82 分、67 分、87 分、91 分，则成绩是（　　　　）。

    A. 品质标志　　　B. 数量指标　　　　　C. 变量值　　　　　D. 数量标志

8. 某公司青年员工的平均受教育年限为 16.76 年，这是（　　　）。

  A. 数量标志　　　　B. 数量指标　　　　C. 品质标志　　　　D. 质量指标

任务二　认识统计数据

一、任务情景

（一）任务背景

统计工作离不开统计分析，而统计分析不能没有统计数据。本任务学习常用的数据与统计数据的概念和类型，理解统计数据的作用，并能依据数据特征和分布进行简单的数据整理。

（二）任务布置

1. 任务思考

（1）什么是数据？数据有哪些类型？

（2）什么是统计数据？统计数据有哪些来源？

（3）如何进行统计整理？整理过后的数据如何呈现？

2. 实验操作

（1）完成数据与统计数据的相关练习。

（2）完成统计数据整理的相关练习。

二、工作准备

（一）数据的概念

1. 数据的含义

数据就是数值，也就是通过观察、实验或计算得出的结果。数据有很多种，最简单的就是数字，同时数据也可以是文字、图像、声音等。从广义上来说，数据是能够让人获取到信息的载体，如路边的路牌、商品的价格和产地、线上商城商品使用者的评价反馈等，都可以称为数据。

2. 数据的类型

数据包括数值型数据和非数值型数据。

数值型数据以数字作为主要特征，并且这些数字具有明确的数值含义，能进行运算且能测量出具体大小和差异。例如，"天气温度""上证股指""月收入"等，这些变量可以用数值表示。

非数值型数据以事物现象的属性或类别为主要特征。例如，"天气情况""职业""文化程度"等，都是从现象的属性来表现现象的特征，其中："天气情况"变量的取值"天气晴"和"阴转多云"反映两种天气状况；"生产工人"和"公务员"是两种不同的职业；"小学"和"大学"反映两种完全不同的文化程度。这类数据的最大特点是它们只能反映现象的属性特点，而不能反映数量的差异。

3. 数据的用途

数据通常被用于科学研究、设计、查证以及各种学科中。大数据时代，数据的用途更加广泛，互联网上每天都产生大量的数据，这些数据散落在网络中看似没有什么重要作用，但是经过系统整合起来后却非常有价值。例如，通过社会调查获取的数据可以被用来研究发现社会状态与现状；企业的经营数据可以用来评价企业经营状况并制定下一期的经营重点与方针。数据的价值不仅仅在数据评价，人们也可以利用数据对未来进行预测，提前预判事件的大概走向。

（二）统计数据的概念

1. 统计数据的含义

统计数据是统计工作活动过程中所取得的反映国民经济和社会现象的数字资料以及与之相联系的其他资料的总称，也是对现象进行测量的结果。例如，对经济活动总量的测量可以得到国内生产总值（gross domestic product，GDP）数据，对股票价格变动水平的测量可以得到股票价格指数的数据。

2. 统计数据的来源

从使用者角度看，统计数据的来源可分为直接来源和间接来源。来源于专门组织的调查或科学试验的数据，是第一手资料、初级资料或直接的统计数据；来源于他人所做的调查或试验的数据，是第二手资料、次级资料或间接的统计数据。

（1）直接来源

① 专门调查

专门调查是取得社会经济数据的主要渠道，如统计部门进行的统计调查、调查公司或研究机构进行的市场调查和民意测验等。在社会经济管理问题的研究中，统计调查是获取第一手资料的主要来源方式。本书项目二"调查数据分析"中使用的数据就是统计调查所得的直接来源数据。

就全国范围的专门调查来说，有我国进行的经济普查、人口普查、农业普查、抽样调查等。就各省、自治区、直辖市及更小的范围来说，这种专门调查（如小型普查的抽样调查等）就更多了，如在某市对某一种商品市场需求的抽样调查等。

② 科学试验

科学试验是取得自然科学数据的主要渠道，通过科学试验获得的数据在新产品的开发、新药的疗效等方面有着广泛的应用。

例如，为了研究某种农药的药效，选用两块自然属性及可能影响因素几乎相同的农田做对照实验，以研究唯一不同因素对农产品产量的影响。

（2）间接来源

间接来源数据是通过互联网、出版物等公开平台或渠道获取的他人采集的、可经简单分析和处理的数据，一般来自官方网站、公开出版物等。本书项目三"财务数据分析"、项目四"电商数据分析"、项目五"物流数据分析"中使用的数据都是间接来源数据。

一些出版机构还会定期出版中国统计年鉴、中国统计摘要、中国农村统计年鉴、中国科技统计资料、沿海经济开发区经济研究和统计资料、国际经济和社会统计摘要等。各省、自治区、直辖市的统计部门都向社会提供各地区的统计数据，如浙江省社会经济统计年鉴、浙江省物价调查统计年鉴等。若要了解世界各国的统计数据，可以在各地图书馆或通过网络查阅联合国统计年鉴等公开出版物。以上这些公开出版物为我们进行统计研究提供了大量的数据，这是统计数据的一个重要来源。

3. 常用的统计数据类型

常用的统计数据类型包括横截面数据、时间序列数据和面板数据。

认识统计数据

横截面数据，是在同一时间节点（简称时点）上或同一段时间内所收集的数据。它描述多个观测对象在相同一段时间内或相同时点上的表现，如 2022年我国各省、自治区、直辖市的 GDP 等。

时间序列数据，是按时间顺序在不同时间段或时点上取得的一系列数据。它描述观测对象随着时间变化而变化的情况，如我国历年的 GDP 等。

面板数据，是对不同观测对象在不同时间段或时点上所收集的数据。它描述多个观测对象随着时间变化而变化的情况，如 2012—2022 年全国各省、自治区、直辖市的GDP。对于面板数据，如果只考虑某一时间段或时点时，它就是截面数据；如果只考虑某一观测对象时，它就是时间序列数据。

4. 统计数据的作用

统计数据可以揭示事物在特定时间和特定方面的数量特征。对事物进行定量分析和定性分析，可以为决策者做出正确决策提供依据。统计数据为个人、机构、企业、政府在制定计划、检查监督、评价对策、检验目标执行等方面提供了重要参考依据。例如，衡量各地区经济社会发展水平时，通过大量的统计数据进行比较；通过开展人口普查获取生育率、死亡率等情况，从而对生育政策进行调整；将统计报表数据作为参考，制定下一年度生产经营计划。

第一，统计数据可以为决策者提供科学依据，帮助其做出明智的决策。通过对大量数据的收集和分析，可以得出客观的结论，为决策者提供全面的信息。例如，在市场调研中，通过对消费者的购买行为和偏好进行数据统计，可以为企业制定更准确的市场营销策略提供支持。

第二，统计数据可以帮助人们揭示事物的发展规律和趋势。通过对历史数据的分析可以找到隐藏在数据背后的规律性，从而预测未来的发展趋势。例如，在经济领域，通过对经济指标的统计分析，可以判断经济的增长速度和稳定性，为政府制定宏观经济政策提供依据。

第三，统计数据可以帮助人们发现问题并解决问题。通过对数据的分析，可以发现潜在的问题和矛盾，从而及时采取措施加以解决。例如，在生产过程中，通过对生产数据的统计分析，可以发现生产线上的瓶颈和问题，为优化生产流程提供指导。

第四，统计数据可以帮助人们评估绩效和效果。通过对数据的收集和分析，可以客观地评估工作的完成情况和效果。例如，在教育领域，通过学生的学习成绩、学习情况和学习效果评估学习质量，为教师提供改进教学方法提供依据。

第五，统计数据对科学研究具有重要的支持作用。科学研究需要大量的数据支持，通过对数据的统计分析，可以验证科学假设和理论的正确性。例如，在医学研究中，通过对大量患者的病例数据进行统计分析，可以验证新药的疗效和安全性。

（三）统计数据的整理

1. 统计数据整理的概念和作用

统计数据整理

统计数据整理是统计工作过程中的重要环节，是指按照统计研究任务的要求，根据统计对象的特点，对各级调查所搜集到的大量原始资料进行分类、汇总或对已加工过的资料进行再加工，使其条理化、系统化、科学化，最后形成能够反映现象总体特征的统计资料的工作过程。

统计工作经过了统计调查之后，获取了大量的原始资料，但这些原始资料比较零星、分散，仅仅反映了事物的一个侧面，不能进一步说明事物的本质，也难以解释事物的发展规律。对于这些原始资料，必须进行统一管理，才能使其系统化、科学化，进而反映现象总体的特征。统计整理在统计工作中起着承前启后的作用。统计整理既是统计调查的继续和深入，又是统计分析和预测的基础和前提。

2. 统计数据整理的步骤

统计数据整理是一项细致、科学的工作，需要有组织、有计划地进行。一般步骤如下。

第一步：设计和编制统计整理方案。在进行统计数据整理之前，应该先确定本次的研究目标，以此来确定需要对调查中的哪些指标与数据进行整理与分组，如何进行分组可以更好地达到数据效果，根据前期设想的目标与问题进行方案编制。

第二步：对原始资料进行审核与检查。为了保证统计数据整理的质量，应对原始资料按照统计调查开始前所提出的要求进行严格的审核，保证资料的完整性、准确性、适用性和时效性。

完整性审核：审核应调查的单位或个体是否遗漏或重复，所有的调查项目或指标是否填写齐全。

准确性审查：检查数据是否反映客观实际情况、是否有错误，内容是否符合实际，计算是否正确。

适用性审核：检查数据的口径以及有关的背景材料，确定数据是否符合分析研究的需要。

时效性审核：尽可能使用最新的数据，确认是否有必要做进一步的加工整理。

第三步：对原始资料进行分组和统计汇总。根据研究目的和要求对原始资料进行分组，分类汇总出各组和总体的总量指标。

第四步：编制统计表与统计图。将分析结果编制成合适的统计数据表或者统计图，从而简单明了地反映现象的数量特征。

3. 统计分组体系

统计分组体系有两种：简单分组和复合分组。

简单分组是指对总体按一个标志进行分组，只反映总体某一方面的数量状态和结构特征，如职工按性别分组、企业按经济类型或规模分组等。

复合分组是指对总体按两个或两个以上的标志重叠分组，即先按一个主要标志分组，然后按另一个从属标志在已分好的各组中再分组。例如，人口按性别先作简单分组，即男性组和女性组，在男性组和女性组中再按年龄进行分组，即"20 岁及以下""20 岁以上"，如表 1-1 所示。

表 1-1　复合分组

分组	人数/人
男	30
20 岁及以下	18
20 岁以上	12
女	20
20 岁及以下	13
20 岁以上	7

不同的分组体系适用于不同的数据，可以根据统计整理需求来进行选择。

4. 分配数列的分类

根据分组标志的不同，分配数列可分为品质数列和变量数列。

（1）品质数列

按品质标志分组所编成的分配数列叫作品质数列。品质数列是用来观察总体单位中不同属性的单位分布情况。表 1-2 列出了某班学生按性别分组形成的品质数列。品质数列的编制比较简单，但要注意在分组时应包括分组标志的所有表现，不能有遗漏，且各种表现要互相独立，不得相融。

表 1-2　某班学生按性别分组形成的品质数列

按性别分组	学生人数/人	比例/%
男生	30	60
女生	20	40
合计	50	100

（2）变量数列

按数量标志分组所编成的分配数列叫作变量分配数列，简称变量数列。变量数列用来观察总体中不变量值在各组的分布情况。变量分为离散变量和连续变量，两者编制变量数列的方法是不相同的。

变量数列按各组表现形式不同，又可以分为单项式数列和组距式数列。

变量数列编制

① 单项式数列

单项式数列是指在变量数列中的每一个组只用一个数值表示所形成的数列，即一个变量值就代表一组。单项式数列一般在按离散型变量分组且变量值变动幅度小、个数不多时采用。表 1-3 列出了某车间 50 名职工按看管机床台数分组的情况。

表 1-3　某车间 50 名职工按看管机床台数分组情况

看管机床台数/台	职工人数/人	比例/%
2	4	8
3	12	24
4	17	34
5	15	30
6	2	4
合计	50	100

② 组距式数列

组距式数列是指在变量数列中的每一组不是由一个变量表示，而是由表明一定变动范围或表示一定距离的两个变量值的差值所形成的数列。

在实际应用时，有如下两种情况：按离散型变量分组，且在变量值变动幅度较大、个数较多时，可采用组距式数列；而按连续性变量分组时，由于不能一一列举其变量值，所以只能采用组距式数列。表 1-4 列出了某班级学生统计学考试成绩按分值范围分组的情况。

表 1-4　某班级学生统计学考试成绩分组情况

成绩	学生人数/人	比重/%
60 分以下	3	6
60～70 分	15	30
70～80 分	20	40
80～90 分	8	16
90 分以上	4	8
合计	50	100

在组距式数列编制中，需要明确以下基本概念。

a. 组距与组数

在组距式数列中，每个组变量值中的最大值称为该组的组上限，最小值称为该组的组下限。

组距是指每个组变量值中最大值与最小值之差，即：组距=组上限-组下限。例如，表 1-4 中第二组的组距为 70-60=10。

组数是指组距式数列编制过程中分组的个数。组数与组距是相互联系的，在同一变量数列中，两者成反比例关系：组数越多，则组距越小；反之，组数越少，则组距越大。

在编制组距式数列时，确定组数和组距一般应遵循以下两个原则：一是能区分总体内部各个组成部分的性质差别，二是能准确清晰地反映总体单位的分布特征。

b. 等距数列与不等距数列

在组距式数列中，各组组距相等的数列称为等距数列，各组组距不相等的数列称为不等距数列（或异距数列）。

对于标志值的变动幅度在各组之间相等的分组，即为等距分组，否则为不等距分组。等距数列与不等距数列的概念和等距分组与不等距分组的概念是相互联系的。对于总体单位标志值变动比较均匀的情况，可采用等距分组；当总体单位标志值变动很不均匀、出现急剧增长或下降、波动较大时，应采用不等距分组。

在不等距分组中，如果标志值是按一定比例发展变化的，可以按等比例的组距间隔来分组。但更多情况下采用不等距分组，要根据社会经济现象的特点、研究的目的和事物性质变化的数量界限来确定组距。例如，研究人口总体在人生各发展阶段的分布，就需要按照人在一生中自然的和社会的发展规律采用不等距分组，因此，我国在 2020 年第七次人口普查主要数据公报发布时，采用了如下的不等距分组：0～14 岁、15～59 岁、60～64 岁、65 岁及以上。

c. 组限与组中值

在组距式数列中，每个组两端的标志值称为组限，其中，每个组的起点值为组下限（或最小值），终点值为组上限（或最大值）。划分组限时，相邻组的上下限可以不重叠，也可以重叠。在后一种情况下，与上限相等的标志值应该计入下一组，即"上限不在组内"。换句话说，就是每一组只包含它的下限值，不包含它的上限值，即"包小不包大"。

每个组上限与下限的中点值称为组中值，即

$$组中值 = (组上限 + 组下限) / 2$$

或

$$组中值 = 组下限 + (组上限 - 组下限) / 2$$

或

$$组中值 = 组上限 - (组上限 - 组下限) / 2$$

例如，表 1-4 中第二组的组中值为

$$组中值 = (60 + 70) / 2 = 65（分）$$

或

$$组中值 = 60 + (70 - 60) / 2 = 65（分）$$

或

$$组中值 = 70 - (70 - 60) / 2 = 65（分）$$

组中值是代表各组标志值平均水平的数值。当各组内标志值均匀分布时，可用组中值代表各组标志值的平均水平；但当各组标志值不是均匀分布时，组中值只能近似代替各组实际平均值。

实际进行分组时，往往会出现开口组，这种情况下的变量式分组数列为开口式组；反之则为闭口式分组。例如，表 1-4 中的第一组（60 分以下）和第五组（90 分以上）都属于开口组。为了便于计算，可以将与开口组相邻组的组距"虚拟"为该组的组距，即

$$首组开口的"虚拟"组下限 = 首组上限 - 相邻组组距$$
$$末组开口的"虚拟"组上限 = 末组下限 + 相邻组组距$$

例如，表 1-4 的第一组，其"虚拟"组下限为 60-（70-60）=50；第六组，其"虚拟"组上限为 90+（90-80）=100。

由此可以推出开口组的组中值，计算方法为

$$首组开口的"虚拟"组中值 = 首组上限 - 邻组组距/2$$
$$末组开口的"虚拟"组中值 = 末组下限 + 邻组组距/2$$

d. 频数与频率

频数又称次数或频数，是指分配数列中各组的单位数。频数越大，该组的标志值对总体标志水平所起的作用越大；反之则越小。因此，频数实际上是各组标志值的权数，用以衡量各组作用的大小。

频率又称比率、比重或权重，是指将各组的单位数（频数）与总体单位数相比，求得的用百分比表示的相对数。频率越大，该组的标志值对总体标志水平所起的作用

越大；反之则越小。频率可反映出各组标志值对总体相对作用的强度和各组标志值出现的概率大小，实际上是各组标志值在整个分组中的权重，用以权衡各组作用的大小。

5. 掌握统计图的绘制

统计图是利用几何图形或具体形象表现统计资料的一种形式。它的特点是形象直观、富于表现、便于理解，因而绘制统计图也是统计数据整理的重要内容之一。

统计图可以表明总体的规模、水平、结构、对比关系、依存关系、发展趋势和分布状况等，更有利于统计分析与研究。通常使用 Excel 软件来绘制统计图，Excel 常用的统计图有饼图、柱状图、条形图、折线图等。

统计图表的绘制

（1）饼图

饼图是一个划分为几个扇形的圆形统计图表，展现一个数据系列中各项的大小与各项总和的比例，适用于表现"占比"，如图 1-4 所示。

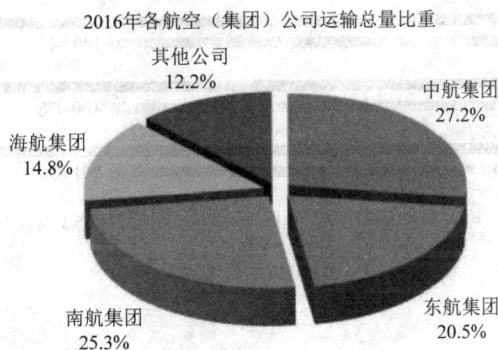

2016年各航空（集团）公司运输总量比重

其他公司 12.2%
中航集团 27.2%
海航集团 14.8%
南航集团 25.3%
东航集团 20.5%

图 1-4　饼图

（2）柱状图

柱状图用来比较两个或以上的数值（不同时间或者不同条件），通常可以用来展示多个分类的数据变化和同类别各变量之间的比较情况，适用于对比分类数据，如图 1-5 所示。

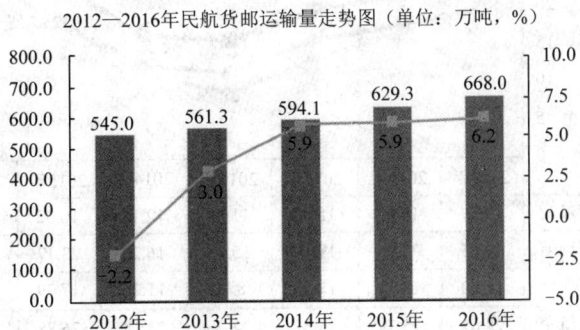

2012—2016年民航货邮运输量走势图（单位：万吨，%）

545.0　561.3　594.1　629.3　668.0
-2.2　3.0　5.9　5.9　6.2
2012年　2013年　2014年　2015年　2016年

图 1-5　柱状图

（3）条形图

条形图是以长方形的长度为变量的统计图表，用来比较两个或两个以上的数值，如图 1-6 所示。

我国人口年龄分布

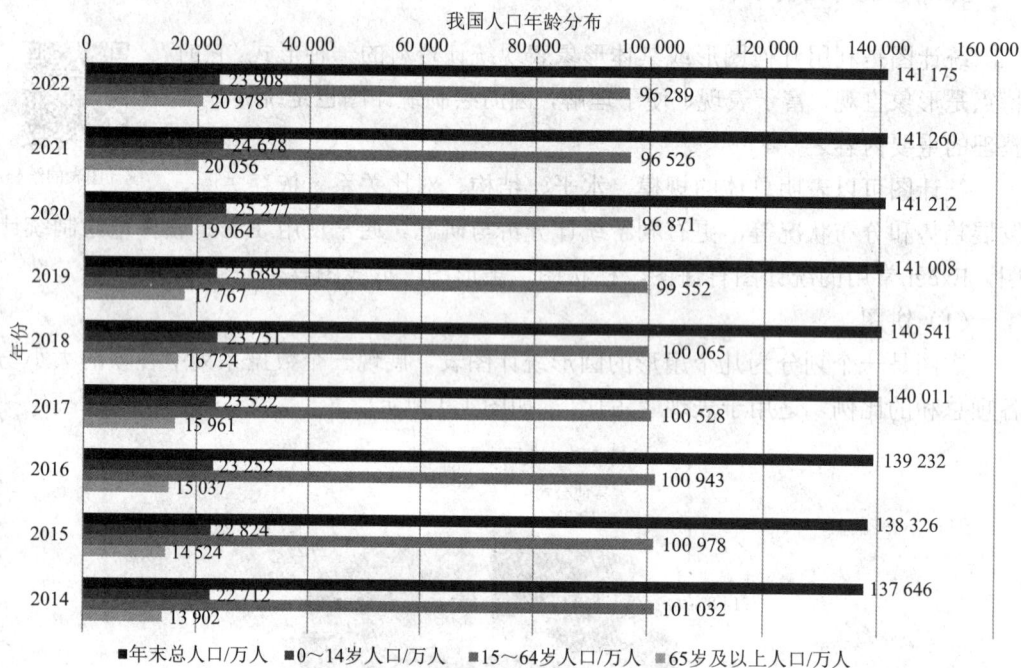

图 1-6　条形图

（4）折线图

折线图是一个由直角坐标系和一些点线组成的统计图表，常用来表示数值随时间间隔或有序类别的变化，适用于有序的类别（如时间），如图 1-7 所示。

2010—2016年我国主要航空公司毛利率情况（单位：%）

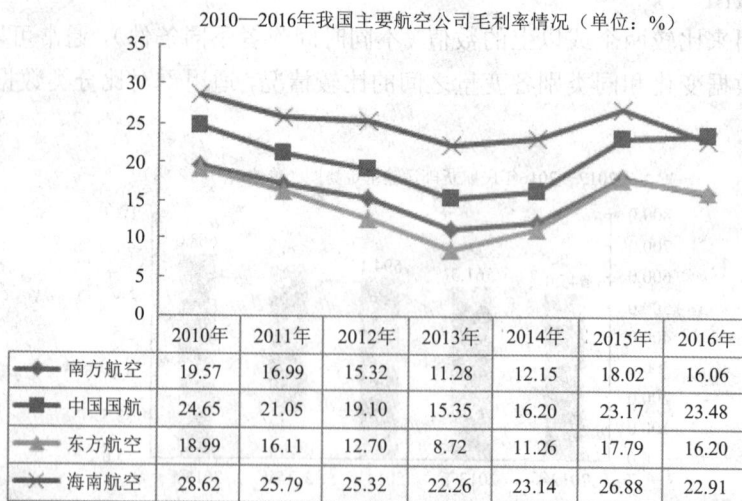

	2010年	2011年	2012年	2013年	2014年	2015年	2016年
南方航空	19.57	16.99	15.32	11.28	12.15	18.02	16.06
中国国航	24.65	21.05	19.10	15.35	16.20	23.17	23.48
东方航空	18.99	16.11	12.70	8.72	11.26	17.79	16.20
海南航空	28.62	25.79	25.32	22.26	23.14	26.88	22.91

图 1-7　折线图

三、训练操作

1. 统计分组是统计资料整理中常用的统计方法，它能够区分（　　）。

　　A. 总体中性质相同的单位　　　　　　B. 总体指标

　　C. 一总体与他总体　　　　　　　　　D. 总体中性质相异的单位

2. 统计分组的关键在于（　　）。

　　A. 组中值　　　　　　　　　　　　　B. 组距

　　C. 组数　　　　　　　　　　　　　　D. 分组变量和划分分组组界

3. 下述分组中属于品质分组的是（　　）。

　　A. 人口按年龄分组　　　　　　　　　B. 学生按性别分组

　　C. 职工按年龄分组　　　　　　　　　D. 企业按工人数分组

4. 编制组距式数列的关键是确定（　　）。

　　A. 变量值的大小　　　B. 组数　　　C. 组中值　　　D. 组距

5. 某班学生统计学考试成绩（分）如下：

　　93　50　78　85　66　71　63　83　52　95

　　78　72　85　78　82　90　80　55　95　67

　　72　85　77　70　90　70　76　69　58　89

　　80　61　67　99　89　63　78　74　82　88

　　98　62　81　44　76　86　73　83　85　81

根据上述资料：

（1）编制组距数列，说明每一组的上限、下限、组中值。

（2）绘制折线图，并据此分析成绩分布的特点。

项目二 调查数据分析

项目情景

当前多数高校禁止快递员进入，大量的快递只能堆放在学校周边的驿站，校园快递市场管理混乱，因此，校园代取快递便成为当下受学生欢迎的形式。

本项目从快递代取业务这一现状出发，采用发放调查问卷的方式进行调查，尽可能充分、完整地展现开展统计调查、统计整理、统计分析，并生成统计报告的统计工作过程。拟以某市高校大学生为调查对象，分析快递代取业务的发展潜力与有待提高的方面，以促进快递代取业务在某市各大高校中的发展，完善校园场景下快递最后一公里的用户体验，让学生取件的选择更多元、更便捷，同时为行业提供校园快递配送解决方案。

项目目标

◆ 知识目标

1. 学会设计调查方案、调查问卷，运用适合的调查方法收集数据信息；
2. 初步尝试 SPSS 软件等数据分析工具，并完成相关调查数据分析与呈现。

◆ 技能目标

1. 能够自主设计调查方案与调查问卷；
2. 掌握 SPSS 软件中的数据录入与处理，熟练操作基本的数据分析方法。

◆ 素养目标

1. 培养精益求精的工匠精神；
2. 养成数据核查的工作习惯；
3. 学会团队合作并精细化个人在团队中的定位。

知识导图

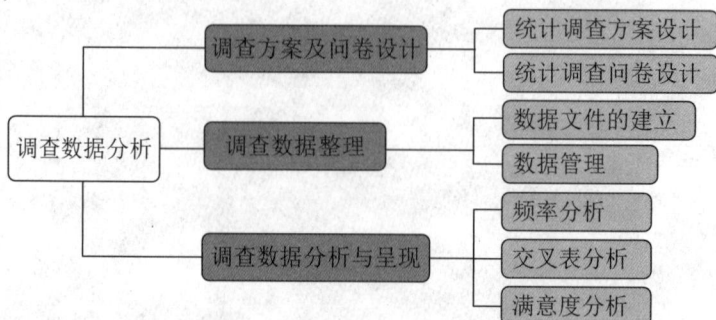

任务一 调查方案及问卷设计

一、任务情景

（一）任务背景

校园快递（图 2-1）市场庞大，以某市高校生规模 50 000 人，每月有 200 000 个包裹为例，假设因懒惰而需要代拿的包裹占 20%，因其他原因需要代拿的包裹占 15%，那么每个月需要代拿的包裹有 70 000 个。这意味着庞大的校园代拿快递市场，急切需要一批职业代拿人和专业代拿机构为这些有代拿需求的人提供周到、细致、一对一的个性化和人性化的服务。"没有调查就没有发言权"，通过有计划、有组织、有系统的统计调查，可获取反映社会经济现象总体或部门的信息。本项目从实际出发，以某市高校大学生为调查对象，设计大学生快递代拿发展潜力的统计调查方案。

图 2-1 校园快递

大学生快递代拿项目小组通过文献查阅学习了快递代拿服务的定义、背景、现实意义、应用优势、发展趋势以及前景展望；讨论并走访了一些熟悉快递代拿的师生，初步确定了影响代拿服务的综合评价因素；调查采用发放纸质问卷和网上电子问卷的方法进行，主要涉及被调查者基本情况、影响意愿因素、市场潜力影响因素、现有快递行业满意度以及消费者期望度等维度。

（二）任务布置

在统计调查工作正式开始之前，首先应当明确为什么要进行调查，向谁调查，在何时、何地调查，调查的内容是什么，怎样进行。也就是说，应当事先设计一个切实可行、周密细致的统计调查方案，它是调查工作的依据，是保证调查顺利进行的前提。

社会调查的结论来自对真实反映社会现象的数据的科学分析，而问卷设计则是在收集这种"真实反映社会现象的数据"的过程中具有重大影响的关键环节之一，同时，它也是整个社会调查过程的难点之一。

1. 任务思考

（1）举出你所知道的统计应用的实际案例。

（2）针对以上任务情景，试一试设计调查方案。

（3）设计问卷的步骤是什么？

（4）常见的问卷题型有哪些？

（5）你填写过调查问卷吗？有什么体会？

2. 实验操作

（1）以 6~8 人组成统计调查项目小组，选取感兴趣的调查课题。

（2）项目小组根据各自的调查课题完成一份统计调查方案。

（3）各项目小组设计统计调查问卷。

（4）进行抽样调查、发放问卷（填写问卷）、回收问卷（收集数据）。

二、工作准备

（一）知识准备

1. 统计调查方案设计

统计调查方案是指导整个调查过程的纲领性文件，包括确定调查目的，确定调查对象和调查单位，确定调查项目，确定调查时间、调查期限，确定调查地点和调查方法，拟订调查的组织实施计划等。

设计统计调查方案

（1）调查目的

确定调查任务和目的是制定统计调查方案的首要问题，即明确调查要研究和解决的问题。调查目的应尽可能具体明确，突出中心。例如，民生问题的民意调查，是为了了解人民群众对改善民生方面的意愿，更好地为有关部门科学决策、制定政策提供参考依据。

（2）调查对象

调查对象是根据调查目的确定的调查研究的总体，即统计总体。调查单位是调查对象中的每一个单位，即总体单位。填报单位则是负责上报调查资料的单位。例如，对某企业员工经济收入情况进行调查，调查对象就是企业所有员工，调查单位是每一个员工。如果调查表要求每个员工自己填写，则填报单位就是每个员工，这时的调查单位和填报单位是一致的；如果以车间为单位进行填报，填报单位就是车间，这时的填报单位和调查单位是不同的。

（3）调查项目

调查项目又称调查条目，是指调查的具体内容，即向调查对象收集什么数据。例如，酒店顾客满意度调查可以从酒店硬件、服务、环境、便利性和性价比等维度设置条目。在市场调查中，调查项目通常可以用调查问卷来表现，即调查问卷是统计调查方案的核心内容。

（4）调查时间

调查时间是指调查资料所属的时点或时期，以及调查工作的期限。例如，第七次全国人口普查的标准时点为 2020 年 11 月 1 日零时，调查时间就是 2020 年 11 月 1 日零时；如果调查的是某企业 2023 年度商品销售额，调查时间就是从 2023 年 1 月 1 日至 12 月 31 日这一段时期，共计 365 天。

（5）实施计划

调查工作的组织实施计划是指对调查所涉及的人、财、物的统筹安排，包括调查机构和人员的安排及组织培训、调查经费的预算开支、资料的印刷及汇总的物质准备等。安排好调查所涉及的人、财、物是做好调查的保障。

2. 统计调查问卷设计

调查问卷的质量直接影响到调查数据的真实性、适用性，影响到问卷的回收率，进而影响到整个调查的结果。另外，由于社会调查中的数据收集工作往往具有一次性的特点，一切问题都必须在正式调查前考虑好，一旦问卷发出，就难以更改和补救。所以，问卷设计在社会调查过程中占有十分重要的地位。

设计统计调查问卷

（1）问卷定义及结构

问卷是社会调查中用来收集数据（资料）的一种工具。问卷在形式上是一份精心设计的问题和表格，其用途则是用来测量人们的行为、态度和社会特征，它所收集的是有关社会现象和人们社会行为的各种数据。

一般问卷的结构由三部分组成：开头（封面信、指导语）、正文（问题和答案）和结尾（编码和其他信息）。

① 封面信

封面信即写给被调查者的短信。例如，以下是一份中国儿童发展研究家长调查表中的封面信：

中国儿童发展研究家长调查表

亲爱的家长：

您好！

首先请原谅打扰了您的工作和休息！

儿童是祖国的未来，儿童的成长和教育是家长十分关心的问题。为了探索儿童成长和教育的规律，我们在北京、湖南、安徽、甘肃等地开展了这项调查，希望得到您的支持和帮助。

本调查表不用填写姓名和工作单位，各种答案没有正确、错误之分。您只需按自己的实际情况在合适的答案上打"√"或者再抽出一点时间填写这份调查表。

为了表达对您的谢意，我们为您的孩子准备了一份小小的礼物，作为这项调查活动的纪念。

祝您的孩子健康成长！

祝您全家生活幸福！

××大学社会学系"儿童发展研究"课题组

② 指导语

指导语是用来指导被调查者填答问卷的各种解释和说明。例如：

填表说明

（1）请在每一个问题后适合自己情况的答案编码上画圈，或者在"_____"处填上适当的内容。

（2）若无特殊说明，每一个问题只能选择一个答案。

（3）填写问卷时，请不要与他人商量。

③ 问题和答案

问题和答案是问卷的主体，也是问卷设计的主要内容。问卷中的问题从形式上来看，可分为开放式、封闭式和半封闭式三大类。

a. 开放式问题

开放式问题，就是用自己的语言来回答或解释有关想法的问题类型，属于自由回答。例如：

您认为大学教育培养了您哪些职业发展所需的能力和素养？

这类问题的优点是可以使应答者给出他们对问题的一般反应，有利于发挥应答者的主动性和创造性，使他们能够自由表达意见，能为研究者提供大量的、丰富的信息。缺点是开放式回答可能会向性格外向的、善于表达自己意思的应答者发生偏斜，并且回答的标准化程度低，在编辑整理时费力、费时。

b. 封闭式问题

封闭式问题，就是问卷设计者对所提的问题已经给定了答案，应答者只需做出某项选择即可表达自己的看法和意见。例如：

您认为大学教育培养了您哪些职业发展所需的能力和素养？
□主动学习能力 □专业知识技能 □应变能力 □解决复杂问题能力
□实践动手能力 □团队合作精神 □人文素养 □创新能力 □ 人际交往能力

这类问题的优点是答案标准化，易于统计分析处理，并且对不同性格的应答者都一样，不会出现偏斜。缺点是设计问题需要更多的精力，且应答者只能在规定的范围内回答，可能无法反映他们的真实想法，造成选择偏差。

c. 半封闭式问题

半封闭式问题，介于开放式问题和封闭式问题之间，问题的答案既有固定标准，也有让应答者自由发挥的余地，受到了大多数人的青睐。例如：

您认为大学教育培养了您哪些职业发展所需的能力和素养（可多选）
□主动学习能力　□专业知识技能　□应变能力　□解决复杂问题能力
□实践动手能力　□团队合作精神　□人文素养　□创新能力
□人际交往能力　□其他_____

问题和答案的编写要点如下。

➢ 提问的内容尽可能短。语言要简明，避免专业术语。

➢ 一项提问只包含一项内容。答案要互斥完整，避免重叠遗漏。

➢ 避免否定形式的提问。表述要客观，避免诱导性问题。

➢ 避免敏感性问题。提问方式要恰当。

➢ 注意顺序原则。先易后难、由浅入深，如先客观事实问题后主观状况问题；先一般问题，后特殊问题；封闭性问题在前，开放性问题在后。

④ 编码及其他信息

在较大规模的统计调查中，研究者常常采用以选择题为主的问卷。为了将被调查者的答案转换成数字（或英文字母），以便输入计算机进行处理和定量分析，往往需要对回答结果进行编码。所谓编码，就是对问题的每一个答案赋予一个数字（或英文字母）作为它的代码。

除了编码以外，有些问卷还需要在封面印上访问员姓名、访问日期、审核员姓名、被调查者居住地等有关信息。

（2）设计问卷的步骤

在设计问卷之前，需要做一些准备工作，具体步骤如图 2-2 所示。

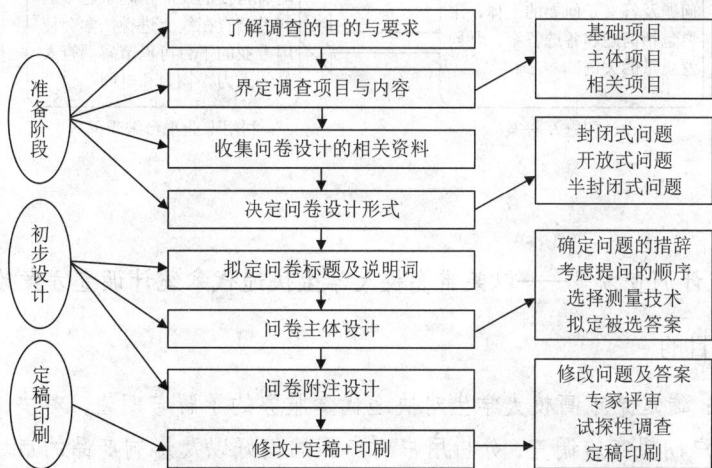

图 2-2　问卷设计的步骤

（二）业务要领

1. 设计调查方案

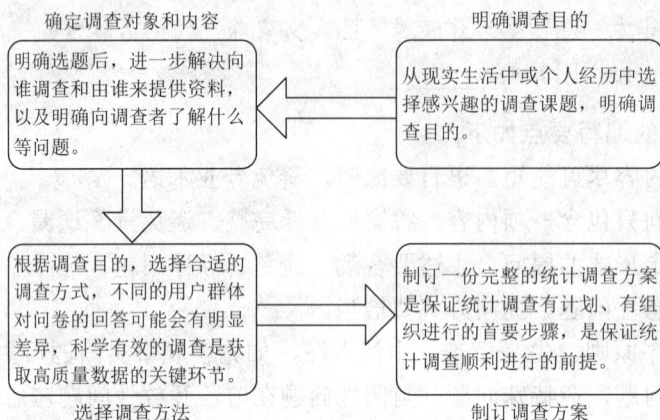

确定调查对象和内容

明确选题后，进一步解决向谁调查和由谁来提供资料，以及明确向调查者了解什么等问题。

明确调查目的

从现实生活中或个人经历中选择感兴趣的调查课题，明确调查目的。

根据调查目的，选择合适的调查方式，不同的用户群体对问卷的回答可能会有明显差异，科学有效的调查是获取高质量数据的关键环节。

选择调查方法

制订一份完整的统计调查方案是保证统计调查有计划、有组织进行的首要步骤，是保证统计调查顺利进行的前提。

制订调查方案

2. 设计调查问卷

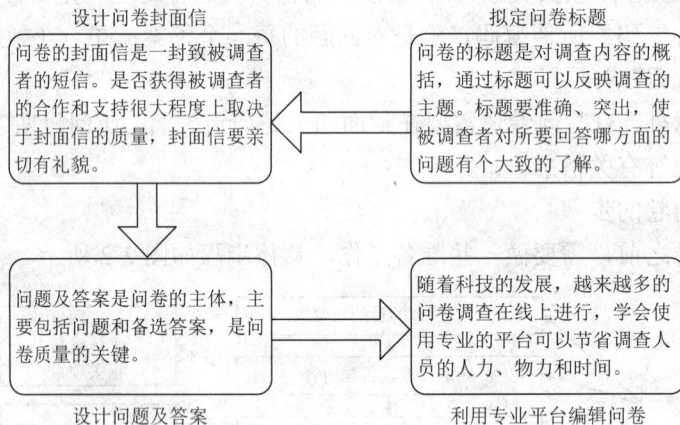

设计问卷封面信

问卷的封面信是一封致被调查者的短信。是否获得被调查者的合作和支持很大程度上取决于封面信的质量，封面信要亲切有礼貌。

拟定问卷标题

问卷的标题是对调查内容的概括，通过标题可以反映调查的主题。标题要准确、突出，使被调查者对所要回答哪方面的问题有个大致的了解。

问题及答案是问卷的主体，主要包括问题及备选答案，是问卷质量的关键。

设计问题及答案

随着科技的发展，越来越多的问卷调查在线上进行，学会使用专业的平台可以节省调查人员的人力、物力和时间。

利用专业平台编辑问卷

三、训练操作

1. 设计统计调查方案——以某市高校大学生快递代拿统计调查方案为例

（1）调查目的

调查目的：通过某市高校大学生对快递代拿服务的了解与期望，对快递代拿服务的市场潜力和用户期望实施调查，分析用户对产品的偏好以及影响产品的市场需求和发展潜力的因素，为快递代拿服务的创业者和准备加入行业的团队提供一份客观可靠的数据，促进快递代拿服务在高校中的发展。

> **练一练**
>
> 根据各自的项目小组选题，描述调查目的。

（2）调查对象

调查对象：某市各大高校大学生

> **练一练**
>
> 根据各自的项目小组选题，描述调查对象。

（3）调查项目

调查项目：
被调查者的基本情况：
个人需要与意愿：
潜在消费需求：
对目前快递行业的满意度：
对产品的期望：

> **练一练**
>
> 根据各自的项目小组选题，描述调查项目。

（4）调查时间

> **调查时间：**
> 调查期限：2023 年 11 月
> 资料上报时间：2023 年 12 月 1 日

练一练

根据各自的项目小组选题，描述调查时间。

（5）实施计划

> **实施计划：** 本次对市内所有高校学生进行分区域随机抽样调查，采用纸质问卷和线上问卷两种形式，分别进行问卷调查。
> 纸质问卷发放地点是某市全部高校，线上问卷更适合规模较大的调查，可以最大限度地节省时间、人力和物力。本次调查项目的数据分析方法主要采用频数分析、方差分析，综合运用李克特量表、因子分析、回归分析等方法。

练一练

根据各自的项目小组选题，描述实施计划。

---

2. 设计统计调查问卷——以某市高校大学生快递代拿调查问卷为例

（1）问卷标题

> **问卷标题：** 关于快递代拿服务在高校学生中的发展潜力调查问卷（调查对象+调查内容+调查问卷）

练一练

根据各项目小组调查方案,设计问卷标题。

（2）封面信

同学你好,为了了解大学生快递代拿业务在高校的发展情况,我们组织了此次调查。你在拿快递的过程中会不会出现一些状况导致你来不及拿快递呢?所谓的快递代拿,也就是代收件人拿取快递,以解决快递收件人不方便亲自拿取快递或派件方没有直接派件上门的问题。请你花几分钟时间认真填写,衷心感谢你的合作。

练一练

根据各项目小组调查方案,撰写封面信。

（3）问题和答案

1. 您的性别:_____。
   A. 男　　　　　B. 女
2. 您的年级:_____。
   A. 大一　　B. 大二　　C. 大三　　D. 大四　　E. 研究生
3. 您的个人月消费额度:_____。
   A. 1000 元以下　　B. 1000～1500 元　C. 1500～2000 元　D. 2000 元以上
4. 平均每月拿快递的频率是（　　）。
   A. 0 次　　　　B. 1～3 次　　　　C. 4～7 次　　　　D. 8 次及以上
5. 基于上题,其中大概出现（　　）不想拿快递的情况。
   A. 0 次　　　　B. 1～3 次　　　　C. 4～7 次　　　　D. 8 次及以上
6. 之前是否接受过快递代拿服务?（　　）
   A. 否　　　　B. 是
7. 日后是否有意向接受代拿服务?（　　）
   A. 否　　　　B. 是

8. 假设使用快递代拿服务，您能接受的等待时间是（　　）。

    A. 0.5 小时以内　　　B. 0.5~2 小时　　　C. 2~4 小时　　　　D. 4 小时以上

9. 您能接受的快递代拿的价格（首重以内）是（　　）。

    A. 0.5~1 元　　　　　B. 1~1.5 元　　　　C. 1.5~2 元　　　　D. 2~2.5 元

10. 基于上题，在包裹过大、过重情况下，每增重 1 千克，您能接受加价（　　）。

    A. 0.5 元　　　　　　B. 0.5~1 元　　　　C. 1~1.5 元　　　　　D. 1.5 元以上

11. 请按照您所认为的重要程度进行排序（1 为最重要，1→5 程度递减。）

（　　）快递代拿服务应建立相关第三方诚信平台。

（　　）快递代拿服务应注重时效性。

（　　）快递代拿服务应注重用户个人信息不被泄露。

（　　）快递代拿人员服务热情。

（　　）快递代拿服务应注重快递包裹的完整。

12. 请选择您对以下各项目的意见。

项目	非常不同意	不同意	一般	同意	非常同意
目前快递服务人员的服务态度令人满意					
目前快递服务的时效性令人满意					
目前快递服务对个人信息的保护令人满意					
目前快递服务收取较方便					
目前快递服务诚信度令人满意					
目前快递服务增值业务表现令人满意（快递代签）					
时间不够会影响拿快递					
取快递的路程远会影响拿快递					
遇到取快递高峰期会影响拿快递					
天气不好会影响拿快递					
主观上不想自己去拿快递					
包裹过大会影响拿快递					

练一练

根据各自的项目小组调查方案，试设计问卷题目和答案。

（4）通过问卷星编辑问卷

📖 **知识卡片**

问卷星（https://www.wjx.cn/）是一个专业的在线问卷调查、考试、测评、投票平台，专注于为用户提供功能强大、人性化的在线问卷设计、数据采集、自定义报表、调查结果分析等系列服务，是典型的网站填答法的应用。

具体操作说明如下。

第一步：网页搜索"问卷星"，如图 2-3 所示。

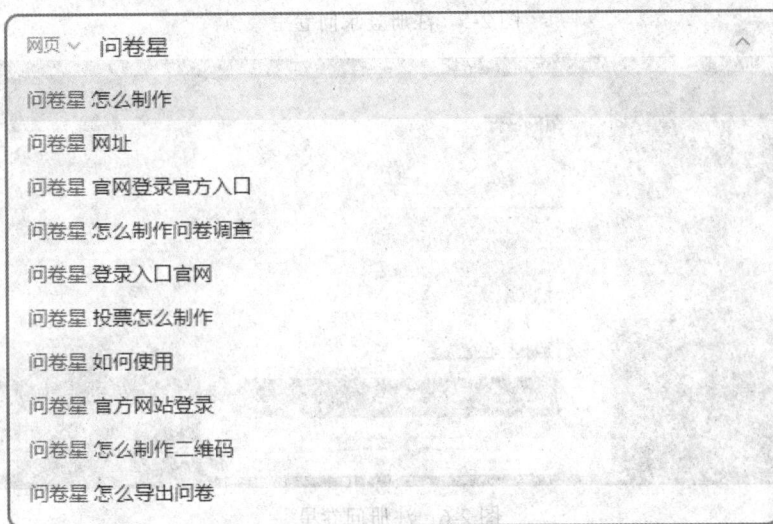

图 2-3　网页搜索问卷星

第二步：单击"问卷星"官网链接进入"问卷星"官网，如图 2-4 所示。

图 2-4　进入问卷星官网

第三步：进入官网后单击"免费使用"按钮或直接单击"注册"按钮，如图 2-5 所示。

第四步：跳转到"用户注册"页面后，注册自己的账号，如图 2-6 所示。

图 2-5　注册登录问卷星

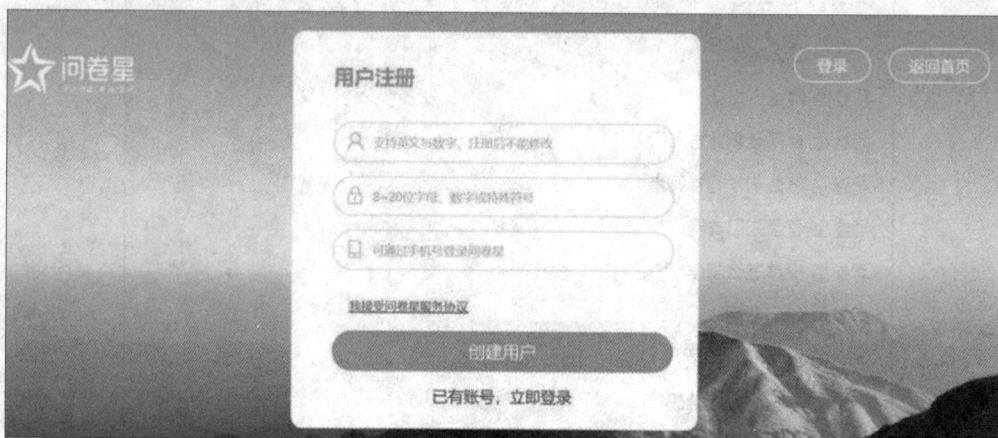

图 2-6　注册问卷星

第五步：注册成功后，跳转至"创建问卷"界面，单击"创建问卷"按钮，如图 2-7 所示。

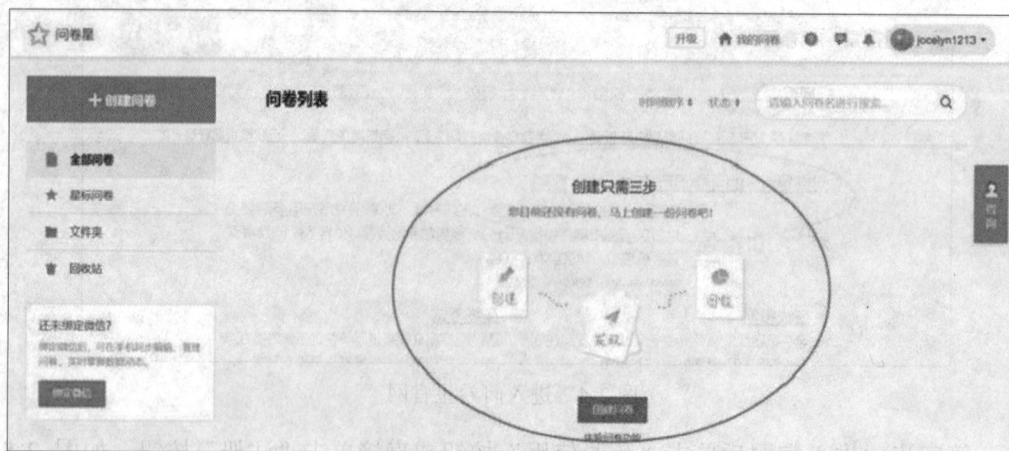

图 2-7　新建调查问卷

第六步：单击"调查"按钮，选择问卷类型，如图 2-8 所示。

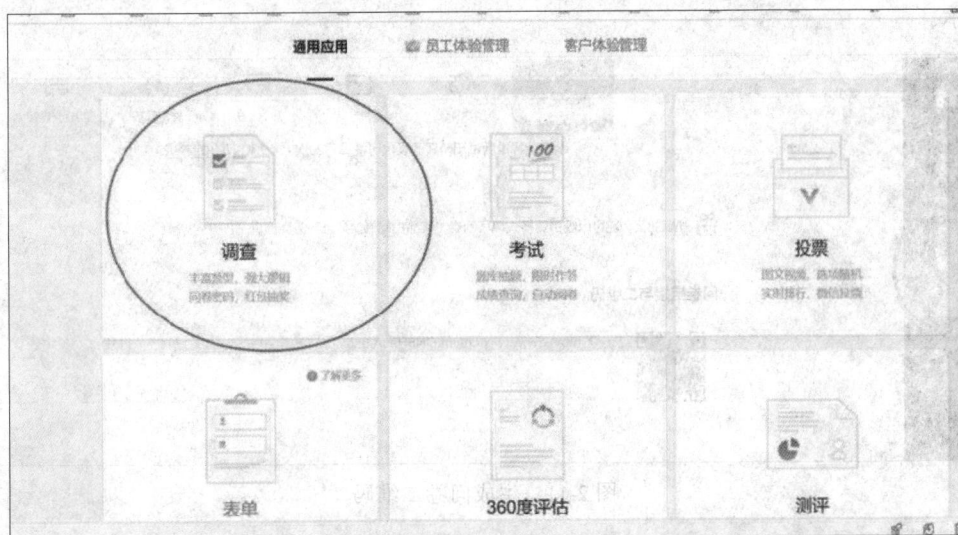

图 2-8 选择问卷类型

第七步：选择"立即创建"按钮则跳转到需要一题一题输入的网页，也可单击"文本导入"按钮，如图 2-9 所示。

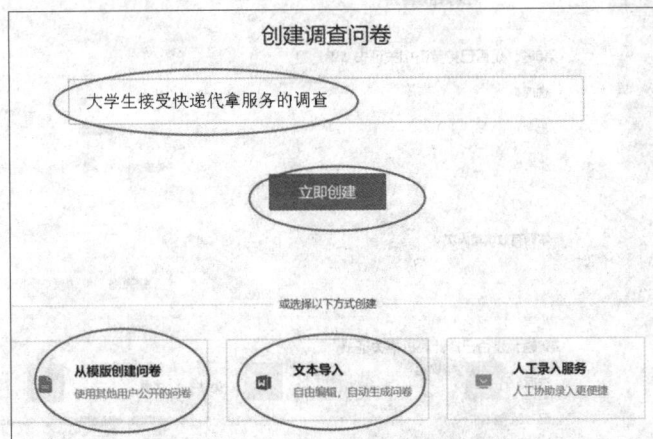

图 2-9 创建调查问卷

第八步：完成问卷创建后，单击"发布此问卷"按钮，如图 2-10 所示。

图 2-10 发布调查问卷

第九步：确认发布后，生成二维码及问卷链接，就可以开展问卷调查，如图 2-11所示。

图 2-11　生成问卷二维码

第十步：收齐样本量后，单击"分析&下载"按钮（图 2-12）即可回收问卷（此处自带整理功能）。

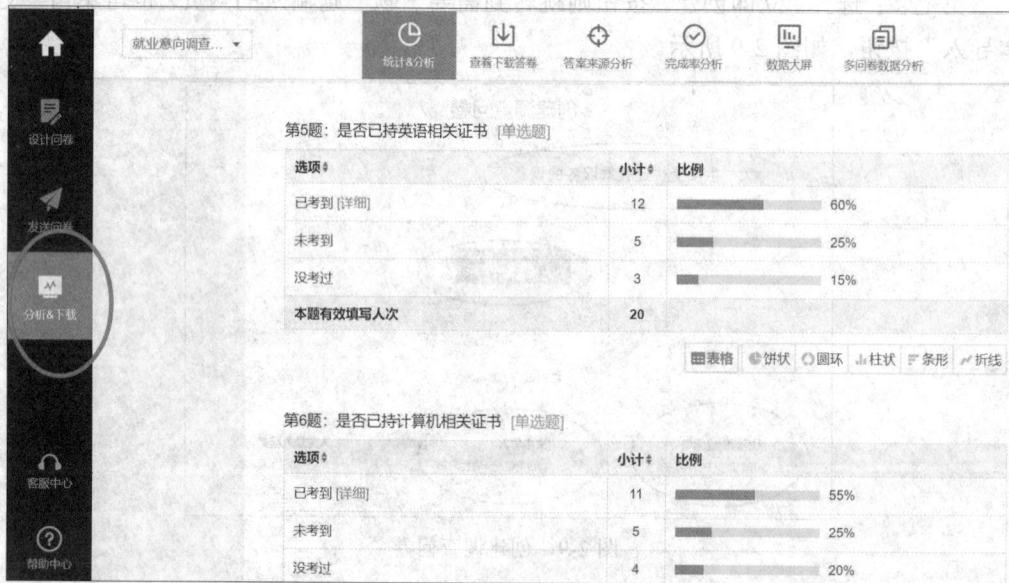

图 2-12　回收问卷

练一练

利用问卷星导入或新建各项目小组问卷。

任务二　调查数据整理

一、任务情景

（一）任务背景

大学生快递代拿项目小组以某市各高校大学生为调查对象，采用发放纸质问卷和网上电子问卷的方法进行调查，此次调查问卷共发放 850 份，回收问卷 770 份，有效问卷数 660 份。

由于一项问卷调查的数据总量很大，因此，在实际输入的过程中需要由很多人共同完成，这就要求项目组在数据输入的过程中进行精心组织和安排，从而保证数据输入的速度和质量。大学生快递代拿项目小组安排一人负责收集网上调查问卷数据（问卷星可直接导出至 SPSS 软件，主要进行数据检查），另外安排两人收集纸质调查问卷数据（一人进行数据输入，一人负责核查）（图 2-13）。

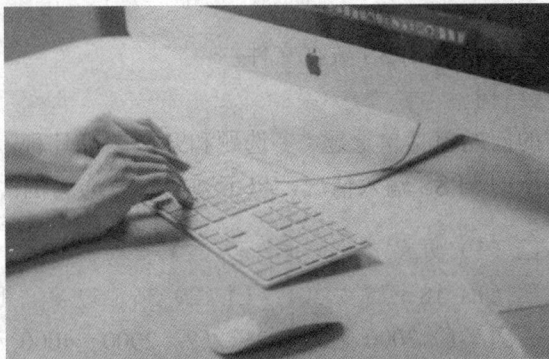

图 2-13　数据输入

（二）任务布置

本任务主要介绍如何在 SPSS 软件中输入调查问卷的数据，并对数据进行简单整理。

SPSS 软件基本介绍

1. 任务思考

（1）你在实施问卷星调查的过程中，遇到的问题有哪些？

（2）你在完成纸质问卷调查过程中有哪些深刻的体会？

2. 实验操作

（1）各项目小组导出问卷星数据文件"问卷数据.sav"并检查数据情况。

（2）在（1）的基础上，将纸质调查问卷数据输入到数据文件"问卷数据.sav"中。

二、工作准备

（一）知识准备

进行数据统计分析之前，必须先将问卷数据输入计算机，对输入的数据进行核对和清理。数据输入就是将问卷数据所对应的编码通过扫描或用键盘输入计算机，建立数据文件的过程。目前，数据输入的方式主要有三种：人工输入、计算机辅助系统转换、光电输入（如大学英语四、六级考试的答题卡）。在社会调查中，人工输入是最常用和最主要的数据输入方式，下面介绍如何使用 SPSS 软件来进行问卷数据的输入[①]。

1. 数据文件的建立

SPSS 数据文件的建立主要有两种形式：手动建立数据文件和外部获取数据文件。手动建立数据文件是直接在 SPSS 软件中输入数据，建立数据文件。外部获取数据文件是指将 Microsoft Word 或 Excel 中的文件直接导入 SPSS，此种方法经常使用，比较方便。

（1）手动建立调查问卷的 SPSS 数据文件

① 了解调查问卷结构

一份调查问卷中的问题包括单选题、多选题和开放题等几种，基本上囊括了所有数据类型的 SPSS 输入情况，以下列问卷节选为例：

手动建立调查问卷的 SPSS 数据文件

1. 您的性别是：□（1）男　　　　　□（2）女
2. 您的年龄是：□（1）18～35 岁　　□（2）36～59 岁　　□（3）60 岁及以上
3. 您的月收入是：□（1）2000 元以下　□（2）2000～4000 元
　　　　　　　　□（3）4000～6000 元 □（4）6000 元及以上
4. 您是否购买过某超市的商品？□（1）是　　　□（2）否

如购买过，请问您最多购买过该超市的哪类商品？（限选 2 项）

□（1）粮食　　□（2）生鲜类　　□（3）一般食品　　□（4）日用品
□（5）服装　　□（6）小家电　　□（7）其他

5. 请问您购物打折信息主要来自哪些渠道？（多选题）

□（1）报纸　　□（2）朋友介绍　　□（3）网络　　　□（4）电视
□（5）手机短信 □（6）宣传单　　□（7）其他

6. 您对购买的某超市的商品满意吗？

---

① 利用 SPSS 菜单中的"文件"→"另存为"命令，可将数据保存为 Excel 数据文件。

项目	非常不满意	不满意	一般	满意	非常满意
性价比					
质量					
包装					
服务					

单选题：Q1、Q2、Q3，Q4 的过滤题，Q6（该题中的 4 个调查项目采用衡量态度的李克特量表，且是一个矩阵题）。

多选题：Q4 的子题（多项限选题）、Q5（多项任选题）。

② 确定变量个数

上述问卷节选中共有 6 个问题，但并不一定只设 6 个变量。下面结合此问卷节选介绍如何设置变量。在 SPSS "数据编辑器" 的 "数据视图" 窗口中，一列为一个变量。变量个数的确定应根据作答的方式不同而不同，恰当地选取。此问卷节选中设置的变量个数如表 2-1 所示。

表 2-1　问卷设置个数

问题编号	变量个数	问卷题型
Q1	1	单选题
Q2	1	单选题
Q3	1	单选题
Q4	1+2=3	单选题（过滤题）+多项限选题（子题，采用 "分类法" 编码）
Q5	7	多项任选题（采用 "二分法" 编码）
Q6	4	矩阵题（含有 4 个单选题，量表）

③ 定义问卷变量

在 SPSS 中定义问卷变量，打开 SPSS 软件，在 "数据编辑器" 主窗口中，单击左下方的 "变量视图" 按钮，进入变量定义窗口。

➢ 变量名：是变量存取的唯一标志。在定义 SPSS 数据属性时应首先给出每列变量的变量名。

变量命名应遵循下列基本规则：

- SPSS 变量长度不能超过 64 个字符（32 个汉字）。
- 首字母必须是字母或汉字。
- 变量名的结尾不能是圆点、句号或下划线。
- 变量名必须是唯一的。
- 变量名不区分大小写。
- SPSS 的保留字不能作为变量名，如 ALL、NE、EQ 和 AND 等。
- 如果用户不指定变量名，SPSS 会以 "VAR" 开头来命名变量，后面跟 5 个数字，如 VAR00001、VAR00019 等。

注意： 为了方便记忆，用户所取的变量名最好与其代表的数据含义相对应。

➢ 变量类型：是指每个变量取值的类型。SPSS 提供了三种基本数据类型：数值型、字符型和日期型。

➢ 变量格式宽度：是指在数据窗口中变量列所占的单元格的列宽度，一般用户采用系统默认选项即可。需要注意的是，如果变量宽度大于变量格式宽度，此时数据窗口中显示变量名的字符数不够，变量名将被截去尾部做不完全显示。被截去的部分用 "＊" 号代替。

➢ 变量小数位数：可以设置变量的小数位数，系统默认为两位。

➢ 变量名标签：是对变量名含义的进一步解释说明，它可以增强变量名的可视性和统计分析结果的可读性。变量名标签可用中文，总长度可达 120 个字符。同时该属性可以省略，但建议最好给出变量名的标签。

➢ 变量值标签：是对变量的可能的取值的含义进行进一步说明。当用数值型变量表示非数值型变量时，变量值标签尤其有用。定义和修改变量值标签，可以双击要修改值的单元格，在弹出的对话框的 "值" 文本框中输入变量值，在 "标签" 文本框中输入变量值标签，然后单击 "添加" 按钮将对应关系选入下边的白框中。同时，可以单击 "改变" 和 "移动" 按钮对已有的标签值进行修改和剔除。最后单击 "确定" 按钮返回主界面。

➢ 变量缺失值：缺失菜单栏。在统计分析中，收集到的数据可能会出现这样的情况：一种是数据中出现明显的错误和不合理的情形，另一种是有些数据项的数据漏填了。

➢ 变量列宽："列" 栏主要用于定义列宽，单击其向上和向下的箭头按钮选定列宽度。系统默认宽度等于 8。

➢ 变量对齐方式："对齐" 栏主要用于定义变量对齐方式，用户可以选择左对齐、右对齐和居中对齐。系统默认变量右对齐。

➢ 变量测度水平："测度" 栏主要用于定义变量的测度水平，用户可以选择定距型数据、定序型数据和定类型数据。

➢ 变量角色："角色" 栏主要用于定义变量在后续统计分析中的功能作用，用户可以选择 Input、Target 和 Both 等类型的角色。

④ 单选题的变量定义与属性说明

以问卷节选中的 Q1、Q2 为例，有关单选题的变量定义与属性说明如表 2-2 所示。

表 2-2　单选题的变量定义与属性

问题编号	名称	类型	标签	值（值标签）	度量标准
Q1	Q1	数值	性别	1＝ "男"，2＝ "女"	名义（分类变量）
Q2	Q2	数值	年龄	1＝ "18～35 岁"，2＝ "36～59 岁"，3＝ "60 岁及以上"	序号（有序变量）

⑤ 多选题的变量定义与属性说明

下面以 Q4 的子题和 Q5 为例,对多选题的变量定义进行说明。多选项问题分解定义编码的方法有两种:分类法和二分法。

a. 分类法

多选项分类法分解的基本思想是先估计多选题最多可能出现的答案个数,然后为每个答案定义一个 SPSS 变量,变量取值为多选题中的可选答案。例如,一个多选题,如果最多可选 2 个答案,那就设置 2 个变量,分别用来存放 2 个可能的答案。分类法的优点是需要的变量个数比较少。分类法常用于"多项限选题"(很少用于"多项任选题")。

因此,对于 Q4 的子题,采用分类法,由于最多只能选择 2 个答案,所以只需设置 2 个 SPSS 变量,分别表示商品类型 1、商品类型 2,变量取值为 1~7,依次对应 7 个"商品类型",如表 2-3 所示。

表 2-3　多选题的变量定义与属性

名称	类型	标签	值(值标签)	度量标准
Q4_1	数值	商品类型 1	1="粮食",2="生鲜类",3="一般食品",4="日用品",5="服装",6="小家电",7="其他"	名义(分类变量)
Q4_2	数值	商品类型 2	1="粮食",2="生鲜类",3="一般食品",4="日用品",5="服装",6="小家电",7="其他"	名义(分类变量)

用分类法编码多项限选题的变量定义与单选题类似,"标签"为相应问题的主要含义再加顺序编号(如商品类型 1、商品类型 2),"值"为选项(包括编码和含义),"度量标准"统一为"名义"(分类变量)。

b. 二分法

多选项二分法将多选题中的每个答案选项设为一个 SPSS 变量,每个变量的取值最多有 2 个(1 和 0),分别表示"选"或"不选",如表 2-4 所示。

表 2-4　二分法定义变量

名称	类型	标签	值(值标签)	度量标准
Q5_1	数值	报纸	1="选",0="不选"	名义(分类变量)
Q5_2	数值	朋友介绍	1="选",0="不选"	名义(分类变量)
Q5_3	数值	网络	1="选",0="不选"	名义(分类变量)
Q5_4	数值	电视	1="选",0="不选"	名义(分类变量)
Q5_5	数值	手机短信	1="选",0="不选"	名义(分类变量)
Q5_6	数值	宣传单	1="选",0="不选"	名义(分类变量)
Q5_7	数值	其他	1="选",0="不选"	名义(分类变量)

简而言之,多选题的变量定义通常分为以下两种情况。

第一种:分类法编码主要用于多项限选题,因为设置较少的变量就可达到定义变量的目的,属于效率较高的一种。

　　第二种：二分法编码适合于多项任选题，有几个答案选项就定义几个变量，当然也能用于多项限选题。二分法的缺点是需要的变量个数比较多，如一道多选题有 7 个选项（如 Q5），就需要设置 7 个变量。二分法的优点是比较简单。另外，对于每个变量，取值为"1"表示"选"，也可用空值表示"不选"（也就是不输入任何值，在 SPSS 中显示为系统缺失值"."）。

　　（2）将 Excel 文件导入 SPSS，建立 SPSS 数据文件

　　打开 SPSS 软件后，选择菜单栏中的"文件"→"打开"→"数据"命令，弹出"打开数据"对话框。选中需要打开的数据类型和文件名，双击打开该文件。

2. 数据管理

　　有了数据文件以后，还需要对数据进行必要的加工处理。对同一个数据可以采取多种统计方法，从不同的侧面进行研究。不同的统计方法对数据文件结构的要求不尽相同，需要对数据文件的结构进行调整或转换，以适合相应的统计方法，这项工作称为数据管理。

　　SPSS 数据管理功能基本上集中在"转换"和"数据"菜单，前者主要是实现变量级别的数据管理，如计算新变量、变量取值、重新编码等，后者主要是实现文件级别的数据管理，如变量排序、文件合并、拆分等。

　　（1）数据的合并

　　① 纵向合并

纵向合并，实质就是将两个数据文件的变量列，按照各个变量名的含义，一一对应进行首尾连接合并。纵向合并的两个数据文件的变量相同（对象不同，变量相同），目的是增加分析个案。

数据的合并

合并条件如下。

➤ 两个待合并的 SPSS 数据文件，其内容合并是有实际意义的。

➤ 在不同数据文件中，数据含义相同的列，最好起相同的名字，变量类型和变量长度也要尽量相同。

　　图 2-14 和图 2-15 分别是文件"纵向合并 1.sav"和"纵向合并 2.sav"，这两个数据文件可以进行纵向合并。

　　② 横向合并

横向合并，实质就是将两个数据文件按照记录号一一进行左右对接。横向合并的两个数据文件的变量不同（对象相同，变量不同），但具有相同的个案数。

合并条件如下。

➤ 如果不是按照记录号对应的规则进行合并，则两个数据文件必须至少有一个变量名相同的公共变量，这个变量是两个数据文件横向对应合并的依据，称为关键变量，如学号、姓名、证件号等。关键变量可以是多个。

➤ 如果使用关键变量进行合并，则两个数据文件都必须事先按关键变量进行升

序排列。

➢ 为方便 SPSS 数据文件的合并，在不同数据文件中，数据相同的列，变量名不应取相同的名称。

	dq	x1	x2	x3
1	海南	5468.00	4208.00	7010.00
2	重庆	5828.00	4016.00	3852.00
3	四川	5996.00	3982.00	4642.00
4	贵州	5434.00	3556.00	3778.00
5	云南	7237.00	5473.00	5065.00
6	西藏	10524.00	4588.00	5918.00
7	陕西	5452.00	3177.00	4482.00
8	甘肃	6445.00	4598.00	4356.00
9	青海	7623.00	3419.00	2248.00
10	宁夏	6206.00	4831.00	4144.00
11	新疆	6709.00	5849.00	5258.00

图 2-14　文件"纵向合并 1.sav"

	dq	x1	x2	x3
1	北京	10907.00	8259.00	9917.00
2	天津	8689.00	5083.00	5667.00
3	河北	6066.00	3843.00	5073.00
4	山西	5791.00	3177.00	3349.00
5	内蒙古	5462.00	3551.00	5290.00
6	辽宁	6226.00	3583.00	3789.00
7	吉林	6017.00	3813.00	7403.00
8	黑龙江	5323.00	2747.00	4472.00

图 2-15　文件"纵向合并 2.sav"

图 2-16 和图 2-17 分别是文件"横向合并 1.sav"和"横向合并 2.sav"，这两个数据文件可以进行横向合并。

	dq	x1	x2	x3	x4
1	北京	10907.00	8259.00	9917.00	12864.00
2	天津	8689.00	5083.00	5667.00	11829.00
3	河北	6066.00	3843.00	5073.00	6029.00
4	山西	5791.00	3177.00	3349.00	5267.00
5	内蒙古	5462.00	3551.00	5290.00	4407.00
6	辽宁	6226.00	3583.00	3789.00	6618.00
7	吉林	6017.00	3813.00	7403.00	7471.00
8	黑龙江	5323.00	2747.00	4472.00	8066.00
9	上海	11733.00	7329.00	8746.00	12698.00
10	江苏	7745.00	5183.00	7390.00	9144.00
11	浙江	8847.00	7026.00	7346.00	9356.00
12	安徽	6039.00	3692.00	4830.00	6306.00
13	福建	7621.00	5582.00	11124.00	8556.00

图 2-16　文件"横向合并 1.sav"

	dq	x5	x6	变量	变量
1	北京	18058.00	14945.00		
2	天津	11797.00	8950.00		
3	河北	6323.00	6186.00		
4	山西	6367.00	6290.00		
5	内蒙古	5512.00	4599.00		
6	辽宁	9158.00	7417.00		
7	吉林	7402.00	6659.00		
8	黑龙江	5513.00	5933.00		
9	上海	16857.00	14175.00		
10	江苏	9153.00	7352.00		
11	浙江	10417.00	9500.00		
12	安徽	6042.00	5511.00		
13	福建	8336.00	8732.00		

图 2-17 文件"横向合并 2.sav"

（2）拆分与排序

① 拆分数据

拆分与排序

拆分数据，是按照指定的变量，对数据文件进行分组，也就是将数据文件按照不同的变量分成不同的组，以便对数据进行更详细的统计分析。

② 排序数据

在输入数据时，一般情况下是按照输入的先后顺序进行显示的。此时，为了方便观察和分类数据，还需要对指定的个案进行排序。

排序是将分析数据中一个或多个变量的变量值按照升序或降序的方式进行排列，一般分为单值排序和多值排序。

单值排序是对一个变量的变量值进行排序。

多值排序是对多个变量的变量值进行排序，在排序过程中系统会默认为第一个排序变量为主排序变量，其他依次为第二或第三排序变量等。数据首先按照主排序变量的大小进行排序，然后对具有相同主排序变量的数据，按照第二排序变量进行排列，以此类推。

（3）重新编码

重新编码

数据分析中，将连续变量转换为等级变量，或者将分类变量不同的变量等级进行合并是常见工作。例如，知道班级每名同学的平均成绩，但是需要将这些同学的成绩分为优秀、良好、中等和差 4 个等级，那么如何通过 SPSS 软件来完成这一任务呢？重新编码过程可以很好地完成这一类任务。

重新编码为相同变量：对原始变量的取值进行修改，用新编码直接取代原变量的取值。

重新编码为不同变量：将新编码存入新的变量，根据原始变量的取值生成一个新变量来表示分组情况。

（4）计算新变量

计算新变量就是在原有变量数据的基础上，根据用户的需要，使用算术表达式及函数，得到新的变量数据。原始数据如图 2-18 所示。

计算新变量

	ID	chinese	math	english	变量
1	1	93.00	91.00	85.00	
2	2	80.00	92.00	90.00	
3	3	92.00	80.00	77.00	
4	4	60.00	85.00	96.00	
5	5	78.00	89.00	92.00	
6	6	91.00	78.00	68.00	
7	7	84.00	86.00	88.00	
8	8	96.00	95.00	93.00	
9	9	88.00	68.00	85.00	
10	10	89.00	95.00	80.00	

图 2-18　原始数据表

选择"转换"菜单中的"计算变量"，创建一个新变量"平均分"，并在数学表达式中输入计算公式，如图 2-19 所示。

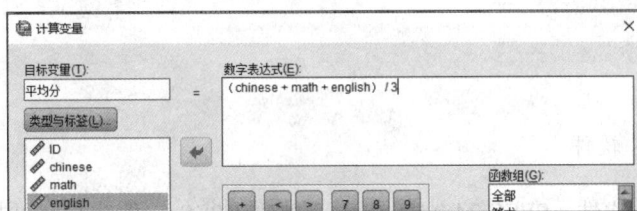

图 2-19　计算新数据指标

最后得到的新的数据表中新增了平均分的变量，如图 2-20 所示。

	ID	chinese	math	english	平均分
1	1	93.00	91.00	85.00	89.67
2	2	80.00	92.00	90.00	87.33
3	3	92.00	80.00	77.00	83.00
4	4	60.00	85.00	96.00	80.33
5	5	78.00	89.00	92.00	86.33
6	6	91.00	78.00	68.00	79.00
7	7	84.00	86.00	88.00	86.00
8	8	96.00	95.00	93.00	94.67
9	9	88.00	68.00	85.00	80.33
10	10	89.00	95.00	80.00	88.00

图 2-20　新增数据表

除了可以手动输入计算公式以外，SPSS 还提供了函数组框（与 Excel 函数相似）和函数注释框，以方便使用。

"目标变量"：存放计算结果的变量名。

"数字表达式"：可以在框中输入计算公式或选中相应的函数式进入框中。

"函数组"：系统默认的函数类型，主要为算术函数、统计函数、分布函数、逻辑函数、字符串函数、日期时间函数和其他函数等。

"函数和特殊变量"：单击"函数组"的任意一项，会出现系统默认的该函数类型的可用函数。

（二）业务要领

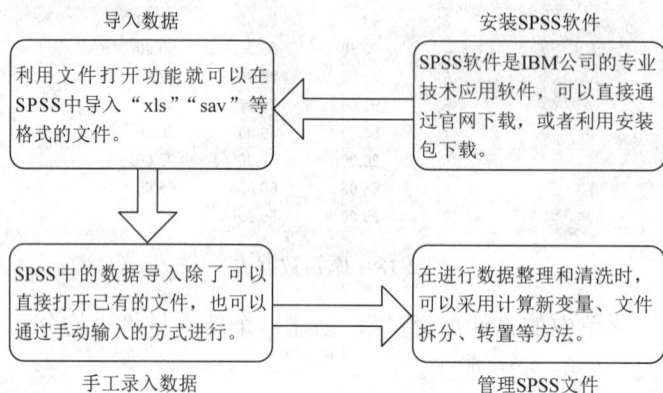

三、训练操作

1. 安装 SPSS 软件

安装好 SPSS 软件（SPSS 24.0 中文版），熟悉 SPSS 软件窗口，掌握数据文件的打开与保存方法。

2. 导入数据文件——以某市大学生快递代拿服务调查为例

打开文件"某市大学生快递代拿服务调查.xlsx"的具体过程如下。

第一步：在 SPSS 软件中，选择菜单"文件"→"打开"→"数据"命令，进入"打开数据"对话框（图 2-21），在"文件类型"下拉列表中选择"Excel（*.xls，*.xlsx，

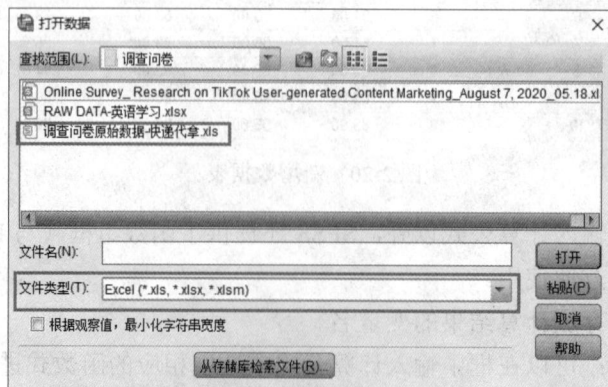

图 2-21　打开本地数据

*.xlsm）"，然后选择输入变量名和问卷数据的 Excel 文件（如"某市大学生快递代拿服务调查.xlsx"）。

第二步：单击"打开"按钮，进入"打开 Excel 数据源"对话框。保留默认选中（勾选），第 1 行为变量名，660 行问卷数据在 A2:AB661 区域（图 2-22），这样 SPSS 可以自动识别要导入 SPSS 的数据区域是 A1:AB661。

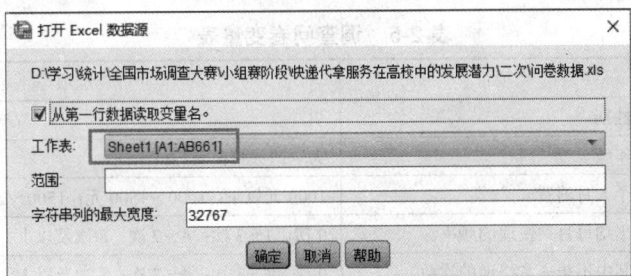

图 2-22　设置本地数据输入条件

第三步：单击"确定"按钮，即可将 Excel 文件中的第 1 行变量名和第 2～661 行问卷数据（Sheet1 工作表中的 A1:X661 区域）导入 SPSS 中，在 SPSS"数据视图"窗口中的结果如图 2-23 所示。

图 2-23　设置本地数据输入条件

第四步：对每个变量进行进一步的定义（如变量名标签、值标签、度量标准等），以期达到 SPSS 分析的目的。

第五步：选择"文件"→"保存"命令，弹出"保存"对话框，或者选择"文件"→"另存为"命令，也会弹出"保存"对话框，保存为"sav"格式的 SPSS 数据文件。

练一练

根据各自的项目小组调查数据，试导入 SPSS 数据文件。

3. 手动输入问卷数据——以某市大学生快递代拿服务调查为例

手动建立"某市大学生快递代拿调查问卷"的 SPSS 数据文件。

（1）设计调查问卷变量表

调查问卷变量表如表 2-5 所示。

表 2-5　调查问卷变量表

类别	项目	选项
基本情况调查	性别	男；女
	年级	大一；大二；大三；大四
	个人月消费	1000 元以下；1000～1500 元；1500～2000 元；2000 元以上
	平均每月拿快递的频率	0 次；1～3 次；4～7 次；8 次及以上
	其中不想去拿快递的次数	0 次；1～3 次；4～7 次；8 次及以上
	之前是否接受过快递代拿服务	否；是
	是否有意向接受快递代拿服务	否；是
对于产品期望	对快递代拿，能接受的等待时间	0.5 小时以内；0.5～2 小时；2～4 小时；4 小时以上
	能接受的首重以内快递代拿价格	0.5～1 元；1～1.5 元；1.5～2 元；2～2.5 元
	包裹过重、过大情况下可以接受的每增重 1 千克增加的价格	0.5 元；0.5～1 元；1～1.5 元；1.5 元以上
	重要程度排序	快递代拿服务应建立相关第三方诚信平台；应注重时效性；应注重用户隐私安全性；快递代拿人员服务热情；应注重快递包裹的完整

练一练

参考调查问卷变量表 2-5，根据各项目组问卷情况确定变量个数。

（2）在 SPSS 中定义问卷变量

① 输入单选题

表 2-5 中基本情况调查的七项内容都属于单选题，可以按单选题输入；产品期望的前三项由于答案唯一，也可以按照单选题输入。

练一练

输入单选题。

---

② 输入填空题

填空题又称开放题，不提示任何答案，要求受访者（被调查者）直接填写，如把问卷中的 Q8 改成"假设使用快递代拿服务，您能接受的等待时间是多少？"，虽然受访者填写较麻烦，但获得的数据为定量数据（数值型数据），如 30 分钟。定量数据可不经任何转换，即可计算各种统计量，如均值、标准差、最大值、最小值等，而且可以直接进行均值比较与检验，甚至可以作为回归分析的因变量或自变量。当然，如果为了取得数据的方便，就设计成选择题（单选题 Q8）。

练一练

输入填空题。

③ 输入排序题

Q11 有 5 个选项，需要安排 5 个变量分别来输入各种所得到的排名，第 1 列输入“第三方平台”的排名、第 2 列输入“时效性”的排名、……、第 5 列输入“包裹完整”的排名。此种排名题最常见的问题是：受访者无法依序填完所有的排名，可能只填一两项。此时将未填的项目视为缺失值，不输入任何值。

假定受访者的问卷填写结果如图 2-24 所示。

问卷编号	第三方平台	时效性	用户隐私	服务热情	包裹完整
220	3	1	.	.	2
221	2	3	1	4	5
222	.	1	.	.	2
223	2	.	.	.	1

图 2-24 问卷填写结果

事实上，虽然此种排名的问卷方式较为常见，但建议尽可能不要使用，因为将来分析时不论是进行频率分析还是进行交叉分析，都不太容易处理。可将排名题改为单选题，替代的做法是将题目修改成“Q11.对于快递代拿服务，请问您认为首要考虑的是哪一项？”，直接将其改为单选题，将来用出现次数的多少来排名即可。例如，如果认为“包裹完整”重要的受访者有 125 位，而认为“第三方平台”重要的受访者有 70 位，就可以说受访者认为“包裹完整”比“第三方平台”重要。这样最大的好处是可顺利地进行交叉分析和检验。

练一练

输入排序题。

4. 管理 SPSS 数据文件

打开“某市大学生快递代拿服务调查 1.xlsx”和“某市大学生快递代拿服务调查 2.xlsx”，进行纵向合并。

打开"某市大学生快递代拿服务调查 3.xlsx"和"某市大学生快递代拿服务调查 4.xlsx"，进行横向合并。

任务三　调查数据分析与呈现

一、任务情景

（一）任务背景

大学生快递代拿项目小组通过统计设计、数据采集、数据处理，得到了很多的快递代拿数据，如何分析用户对快递代拿的偏好以及影响快递代拿的市场需求和发展潜力的因素，为快递代拿服务的创业者和准备加入行业的团队提供一份客观可靠的数据，是该阶段的主要任务。熟谙数据分析技术方法的分析者往往比其他人技高一筹，他们知道如何处理所有数据材料，如何将数据信息变成推进现实工作的妙策，也就是使用哪些分析方法使读者能更容易理解，引起共鸣。

（二）任务布置

根据大学生快递代拿调查课题的研究设计，通过收集调查问卷、输入数据，对整理后的数据进行进一步数据分析：基本情况统计分析包括样本性别、年级、月消费额、每月拿快递等的频率分析，影响意愿因素的统计分析包括不同的群体分组对"日后有意愿选择快递代拿服务"的交叉表分析，受访者对快递人员的服务态度、服务时效、信息保密、收取方便、服务诚信和增值业务六个方面的满意度分析。

1. 任务思考

（1）你所知道的调查问卷最常用的分析方法是什么？

（2）适合大学生快递代拿项目的数据分析方法有哪些？

2. 实验操作

（1）各项目小组列出所需的数据分析方法。
（2）各项目小组完成数据分析。

二、工作准备

（一）知识准备

随着信息化时代的到来，各行各业的决策越来越难以离开数据分析，以下是常用的几种数据分析方法。

1. 频率分析

频率分析是所有调查问卷中最广泛使用的分析方法。统计分析往往从频率分析开始，通过频率分析能够了解变量取值情况。

频率分析又称频数分布分析或单变量频率分析，主要通过频数分布表、条形图和直方图，以及集中趋势和离散趋势的各种统计量，描述数据的分布特征。例如，在问卷数据分析中，通常应首先对本次调查的被调查者（受访者）的背景资料（个人信息，如总人数、性别、年龄、学历等）进行分析和总结。

2. 交叉表分析

交叉表分析是同时将两个以上具有一定联系的变量及变量值，按照一定的顺序交叉排列在同一张统计表中，使各变量值可以成为不同变量的节点，以便可以掌握多个变量的联合分布特征，进而便于分析变量之间的相互性。

3. 满意度分析

满意度是对顾客满意程度的衡量指标，常常通过随机调查获取样本，以顾客对特定商品或服务满意度指标的评价数据为基础，运用加权平均法得出相应结果。顾客满意度管理是 20 世纪 90 年代兴起的营销管理战略，不仅要求了解外部顾客的满意度，而且要求了解内部顾客（即员工）的满意度状况，从而揭示企业在顾客价值创造和传递方面存在的问题，并以实现全面的顾客满意为目标，探究、分析和解决这些问题。

社会中针对顾客满意度的分级一般为五级：非常不满意、不满意、一般、满意、非常满意。在数据处理的过程中，文字型数据是很难利用软件进行统一处理的，这时可以通过对应的五级打分，用数字代替文字进行满意度分析。

（二）业务要领

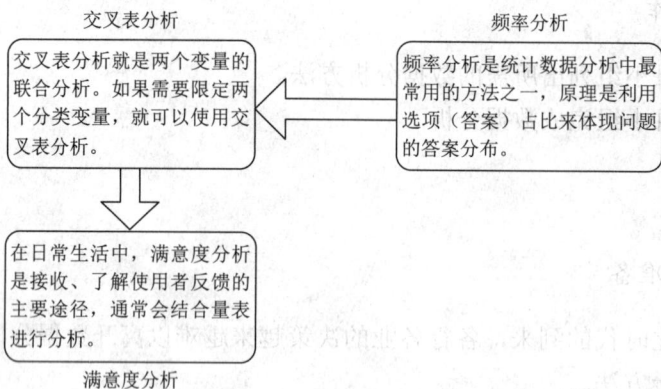

频率分析是统计数据分析中最常用的方法之一，原理是利用选项（答案）占比来体现问题的答案分布。

交叉表分析就是两个变量的联合分析。如果需要限定两个分类变量，就可以使用交叉表分析。

在日常生活中，满意度分析是接收、了解使用者反馈的主要途径，通常会结合量表进行分析。

满意度分析

三、训练操作

以某市高校大学生快递代拿统计调查数据为例进行数据分析。

1. 频率分析

某市高校大学生快递代拿统计调查问卷中的每个问题，都可以在 SPSS 中实现分析。下面以 Q1 为例，进行性别的频率分析。

频率分析操作

第一步：打开数据文件"某市大学生快递代拿调查.sav"，选择菜单"分析"→"描述统计"→"频率"命令，打开如图 2-25 所示的"频率"对话框。左侧源变量框中列出的是该数据文件的全部变量。"显示频率表"是确定是否在结果中显示一维频率分布表的选项，默认是显示（勾选）。

第二步：从左侧的源变量框中选择一个或多个将要进行一维频率分析的变量，使之进入右侧的"变量"框中。这里选择"性别"到"变量"框中。

第三步：默认的数据输出格式是"按（编码）值的升序排序"输出一维频率分布表，可以更改为"按计数（频率）的降序排序"输出一维频率分布表。在如图 2-25 所示的对话框中，单击"图表"按钮，打开"频率：图表"对话框，如图 6-26 所示。

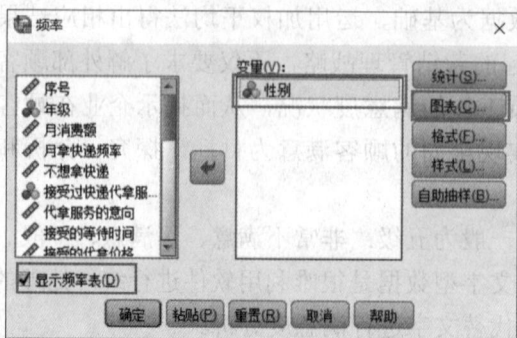

图 2-25　频率分析对话框

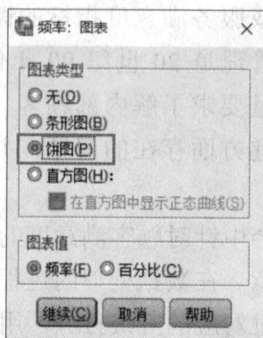

图 2-26　选择输出图表

第四步：选中"饼图"单选按钮，单击"继续"按钮，提交运行。SPSS在"输出"窗口中输出如表2-6、表2-7、图2-27所示的结果。

表2-6是"性别"单选题的统计概要，表中的内容是：有效数据个数为660，缺失数据个数为0。也就是说，在660名受访者中，所有人都对"性别"单选题作了回答。

表2-6　统计量

1. 您的性别:	
有效	660
缺失	0

在输出文件中，还会有之前选中的变量频数分析表（表2-7）。此时，已经将性别"男"赋值为"1"，将性别"女"赋值为"2"。从表2-7可以看出，在采集到的660份样本中，值为1，也就是性别为男性的样本数量为206，频率为31.2%；值为2，也就是性别为女性的样本数量为454，频率为68.8%。表2-7是SPSS格式的单选题一维频率分布表，其中，"频率"是各选项回答人数；"百分比"是各选项回答人数占总调查人数的百分比，"有效百分比"是各选项回答人数占该单选题（该变量）总回答人数的百分比，"累积百分比"是对"有效百分比"的累加。如果所分析的数据在频率分析变量上有缺失值，那么"有效百分比"能更加准确地反映变量的取值分布情况。在报告调查结果时，研究人员通常会使用"有效百分比"。

表2-7　性别频数分布

		频率	百分比	有效百分比	累积百分比
	1	206	31.2	31.2	31.2
有效	2	454	68.8	68.8	100.0
	合计	660	100.0	100.0	

图2-27是SPSS格式的单选题的饼图，即在本次调查回收的有效问卷中，女性受访者比男性多。

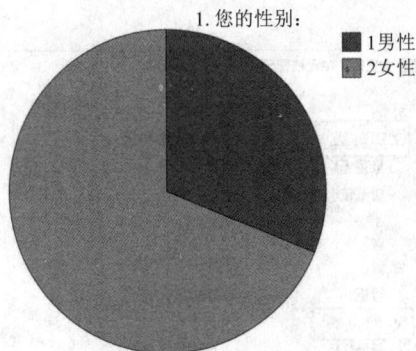

图2-27　选择输出图表

练一练

进行Q2"年级分布"（条形图）、Q3"月消费额分布"（直方图）及Q4～Q7的频率分析。

2. 交叉表分析

打开数据文件"某市大学生快递代拿调查.sav",以 Q1"性别"和 Q7"日后是否有意向接受代拿服务"为例,进行交叉表分析。

交叉表分析操作

第一步:选择菜单"分析"→"描述统计"→"交叉表"命令,打开"交叉表"对话框,如图 2-28 所示。

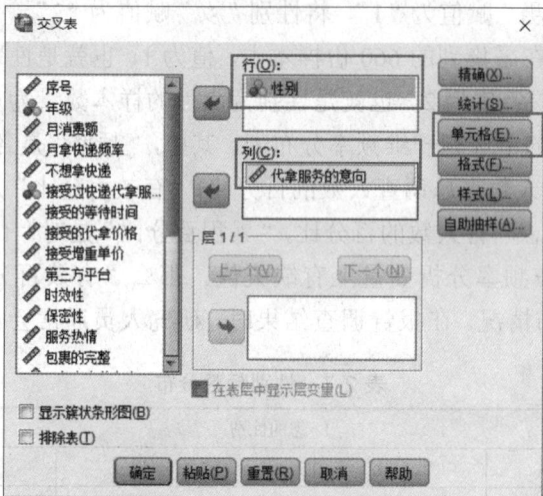

图 2-28 "交叉表"对话框

第二步:从左侧的源变量框中选择"性别"进入"行"框中,选择"代拿服务的意向"进入"列"框中。

第三步:单击"单元格"按钮,打开如图 2-29 所示的"交叉表:单元格显示"对话框。

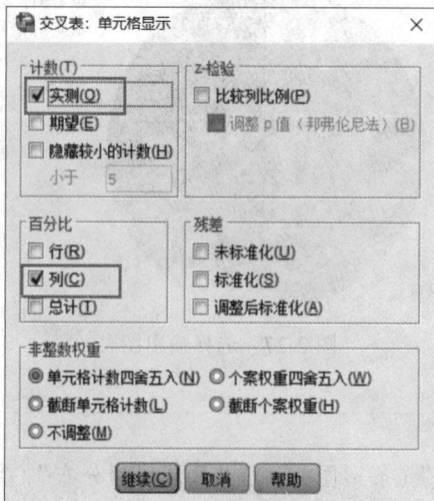

图 2-29 "交叉表:单元格显示"对话框

第四步：在"计数"框中，保留默认的勾选"实测"。在"百分比"框中，选中（勾选）"列"（显示"列"百分比，也可以勾选"行"试一试）。

第五步：单击"继续"按钮，得到如表 2-8 所示的交叉表分析结果。

表 2-8　交叉表输出

案例处理摘要						
交叉变量	案例					
	有效的		缺失		合计	
	N	百分比	N	百分比	N	百分比
1.您的性别*2.您的年级	660	100.0%	0	.0%	660	100.0%

表 2-8 是两个单选题"性别*年级"交叉表分析的统计概要，表中的内容是：有效数据（受访者对两个单选题同时有作答）个数为 660，缺失数据个数为 0。

由表 2-9 可知：男生中不愿意接受快递代拿业务的比例为 56.3%，愿意接受快递代拿业务的比例为 43.7%；女生中不愿意接受快递代拿业务的比例为 42.5%，愿意接受快递代拿业务的比例为 7.5%。说明快递代拿服务在女生中更有发展潜力。

表 2-9　交叉表输出

性别*日后是否有意向接受代拿服务的交叉表						
您的性别：			频率	百分比	有效百分比	累积百分比
1	有效	1（男）	116	56.3	56.3	56.3
		2（女）	90	43.7	43.7	100.0
		合计	206	100.0	100.0	
2	有效	1（男）	193	42.5	42.5	42.5
		2（女）	261	57.5	57.5	100.0
		合计	454	100.0	100.0	

练一练

进行 Q6"之前是否接受过快递代拿服务"与 Q7"日后是否有意向接受代拿服务"的交叉表分析。

3. 满意度分析

打开数据文件"某市大学生快递代拿调查.sav"，以 Q12"满意度"为例，根据 660 名受访者对快递人员的服务态度、服务时效、信息保密、收取方便、服务诚信、增值业务六个方面的满意度，比较其均值，从而判断哪一方面最满意，哪一方面最不满意。

满意度分析操作

第一步：选择菜单"分析"→"描述统计"→"描述"命令，打开"描述"对话框。

第二步：从左侧的源变量框中选择"服务态度满意度"等（定量变量，六个方面的满意度），进入"变量"框中，如图 2-30 所示。

第三步：单击右上角的"选项"按钮，打开"描述：选项"对话框。保留原有的"平均值""标准差""最小值""最大值"；在"离散"框中，选择（勾选）"范围"（最大值减最小值，也称为"极差"或"全距"）；在"显示顺序"框中选择"按均值的降序排序"（因为均值越大表示满意度越高），如图 2-31 所示。

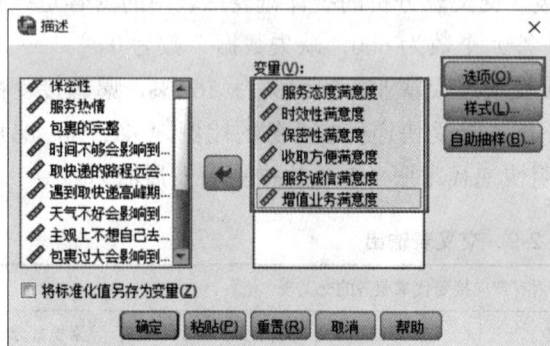

图 2-30　描述性统计分析菜单

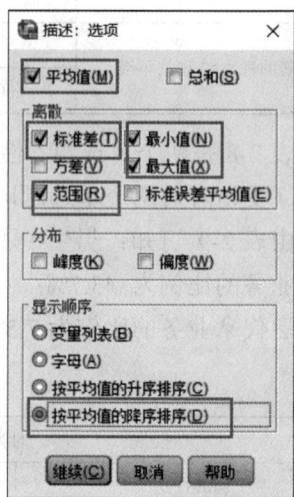

图 2-31　描述性统计分析选项

第四步：单击"继续"按钮，返回"描述"对话框。单击"确定"按钮，提交运行。SPSS 在"输出"窗口中输出如表 2-10 所示的按均值降序排序的六个方面满意度的描述统计分析结果，抽取六个方面的满意度均值，可以用 Excel 作出如图 2-32 所示的满意度雷达图。

表 2-10　描述性统计分析结果

描述统计

	个案数	范围	最小值	最大值	平均值	标准差
第12题（目前快递服务诚信令人满意）	660	4	1	5	3.51	.768
第12题（目前快递服务收取较方便）	660	4	1	5	3.38	.850
第12题[目前快递服务增值业务表现令人满意（快递代签）]	660	4	1	5	3.37	.776
第12题（目前快递服务人员的服务态度令人满意）	660	4	1	5	3.36	.777
第12题（目前快递服务的时效性令人满意）	660	4	1	5	3.34	.750
第12题（目前快递服务对个人信息的保护令人满意）	660	4	1	5	3.30	.843
有效个案数（成列）	660					

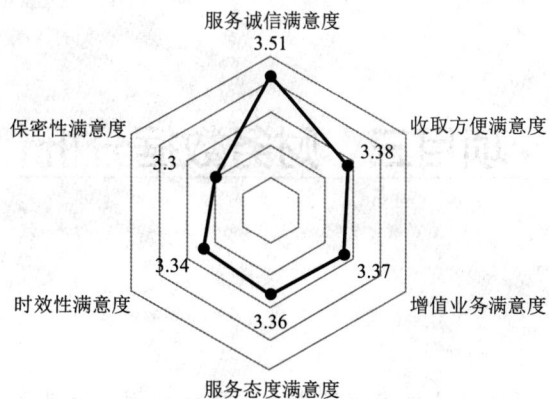

图 2-32 满意度雷达图

练一练

完成各项目小组题目的描述性分析及均值雷达图。

项目三　财务数据分析

项目情景

民营企业在我国国民经济中发挥了十分重要的作用，是我国企业不可缺失的一部分。我国长江三角洲平原（简称长三角）的中部地区，水陆交通非常发达，自然条件优越，物产丰富，其民营经济发展具有一定的基础条件。但面对新时代我国经济的快速发展，民营经济的发展面临着一系列的机遇和挑战。在这种背景下，你作为该地区的前端财务数据分析师，需要深入调研地区民营经济发展状况，剖析发展中面临的主要困难，为企业高质量发展厘清思路、寻找机遇。

项目目标

◆ **知识目标**

1. 了解财务数据的获取途径及采集方法；

2. 能够判断财务数据的价值，对第二手资料、次级资料或间接的统计数据有一定的采集、筛选和运用能力；

3. 可以利用 Excel 等数据分析工具独立完成相关财务数据分析与呈现。

◆ **技能目标**

1. 能够使用 Excel 等工具独立分析和呈现财务数据；

2. 能够独立收集、过滤、应用数据，掌握分析阿里巴巴和拼多多的数据。

◆ **素养目标**

1. 掌握总结和准确表述财务数据的能力；

2. 掌握有效分析和呈现财务数据的能力；

3. 对财务指标和趋势有透彻的理解。

知识导图

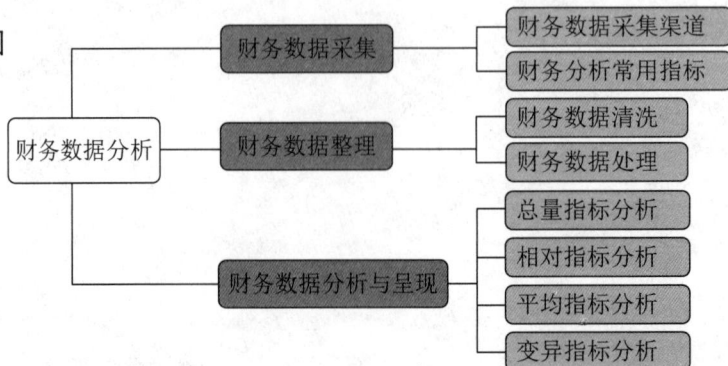

任务一　财务数据采集

一、任务情景

（一）任务背景

深入分析长三角地区民营经济发展现状，首先必须根据研究目的获取研究相关的财务数据。为了更深入的研究，拟采集宏观和微观两方面的资料。宏观方面，需要了解近年来我国民营企业发展的总体情况；微观方面，锁定长三角地区以电子商务为主业的两家知名民营企业——阿里巴巴和拼多多作为主要研究对象，深入挖掘两家案例公司的财务数据。

（二）任务布置

本任务选择地区民营经济发展作为研究内容，通过采集相关财务数据，对其进行数据分析。首先要确定所需数据的获取来源，以及如何把获取的数据导入 Excel 中，以便后期进行数据整理和分析。

1. 任务思考

（1）从哪里可以获取阿里巴巴和拼多多的财务数据？

（2）从哪里可以了解近年来我国民营企业发展的总体情况？

（3）如何将获取的相关财务数据导入 Excel 中？

2. 实验操作

（1）完成相关财务数据的采集。

（2）将收集的财务数据导入 Excel 中。

二、工作准备

（一）知识准备

由于数据特点的不同，财务数据的获取与项目二中调查数据的获取有相同也有区别。

1. 财务数据采集渠道

（1）直接采集渠道

财务数据的直接采集渠道主要是专门调查。就全国范围的专门性调查来说，有

2004 年 12 月 31 日、2008 年 12 月 31 日、2013 年 12 月 31 日、2018 年 12 月 31 日、2023 年 12 月 31 日我国进行的五次经济普查工作。

（2）间接采集渠道

财务数据的间接采集渠道主要是文献调查。分析上市公司会计报表反映其财务及经营成果和现金流量情况的真实程度时，首先需要收集大量的公开信息资料。这些信息资料可以分为两大类：一类是上市公司历年公布的年度报告、中期报告、季度报告、董事会公告和其他公告，另一类是政府部门公布的统计数据和报告。这些财务数据资料的主要来源是报刊和网络，如财经网、统计年鉴网、国家统计局网站等。

2. 财务分析常用指标

（1）资产负债比率

资产负债比率又称负债比率，是指负债总额对资产总额之间的比例关系。它是衡量企业长期偿债能力的指标之一。资产负债比率表明企业的全部资金来源中有多少是由债权人提供的。站在债权人角度可以说明债券的保证程度；站在所有者角度可以说明自身承担风险的程度；站在企业的角度既可以反映企业的实力，也能反映其偿债风险。计算公式为

$$资产负债比率 = \frac{负债总额}{资产总额} \times 100\%$$

资产负债比率是从总体上反映企业偿债能力的指标。资产负债比率越低，则股东或所有者权益所占的比例就越大，说明企业的实力越强，债券的保证程度越高；资产负债比率越高，股东或所有者权益所占比例就越小，说明企业的经济实力越弱，偿债风险越高，债权的保证程度相应越低，债权人的安全性越差，企业的潜在投资人越少。

（2）权益乘数

权益乘数是总资产与股东权益的比值。计算公式为

$$权益乘数 = \frac{总资产}{所有者权益总额}$$

权益乘数表明股东每投入 1 元钱可实际拥有和控制的金额。在企业存在负债的情况下，权益乘数大于 1。企业负债比例越高，权益乘数越大。产权比率和权益乘数是资产负债比率的另外两种表现形式，是常用的反映财务杠杆水平的指标。

（3）总资产周转率

总资产周转率是指企业主营业务收入净额与资产总额的比率，即企业的总资产在一定时期内（通常为 1 年）周转的次数。总资产周转率是反映企业的总资产在一定时期内创造了多少主营业务收入的指标，反映资产利用的效率。计算公式为

$$总资产周转率 = \frac{营业收入}{资产总额}$$

$$总资产周转天数 = \frac{360}{总资产周转率}$$

企业的总资产周转率反映总资产的周转速度。总资产周转率越高，表明总资产周转速度越快，企业的销售能力越强，企业利用全部资产进行经营的效率越高，进而使企业的偿债能力和盈利能力得到增强；反之，则表明企业利用全部资产进行经营活动的能力差，效率低，最终还将影响企业的盈利能力。

（4）销售毛利率

企业的收入包括主营业务收入、其他业务收入、投资收益和营业外收入等，不同的收入有其不同的来源。主营业务收入和其他业务收入作为企业生存和发展的基础，其利润水平直接体现了企业的盈利能力，所以财务分析中引入"毛利"的概念。毛利就是主营业务利润加其他业务利润。所以销售毛利就是企业销售收入扣除销售成本之后的差额，它在一定程度上反映企业生产环节的效率高低。

销售毛利率是指销售毛利与销售收入的比率关系，反映了每百元销售收入能为企业带来的毛利。计算公式为

$$销售毛利率 = \frac{销售毛利}{销售收入} \times 100\%$$

其中，

$$销售毛利 = 销售收入 - 销售成本$$

销售毛利对企业非常重要，因为毛利是企业利润的基础，也是企业向利益相关的各方分配现金流的基础，较高的销售毛利率预示着企业有更多的机会获取较多利润。销售毛利率是销售净利率的基础，没有足够多的毛利率便不能盈利。销售毛利率越高，说明企业销售成本在销售收入净额中所占的比重越小，在期间费用和其他业务利润一定的情况下，营业利润就越高。销售毛利率还与企业的竞争力和企业所处的行业有关。

（二）业务要领

本任务主要进行地区民营经济的研究，一般按照如下步骤进行。

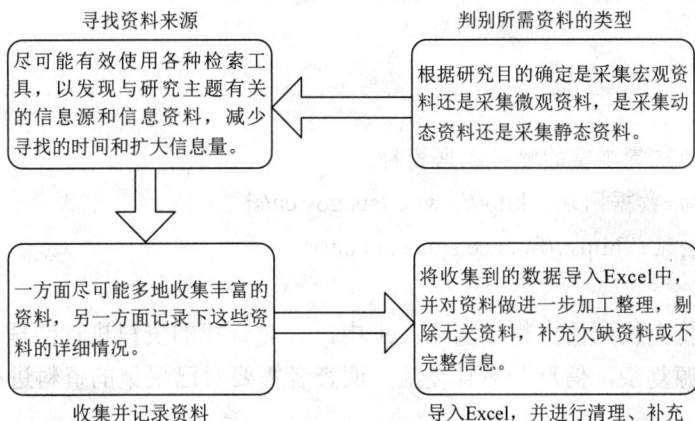

寻找资料来源

尽可能有效使用各种检索工具，以发现与研究主题有关的信息源和信息资料，减少寻找的时间和扩大信息量。

判别所需资料的类型

根据研究目的确定是采集宏观资料还是采集微观资料，是采集动态资料还是采集静态资料。

一方面尽可能多地收集丰富的资料，另一方面记录下这些资料的详细情况。

将收集到的数据导入Excel中，并对资料做进一步加工整理，剔除无关资料，补充欠缺资料或不完整信息。

收集并记录资料

导入Excel，并进行清理、补充

三、训练操作

1. 财务数据采集——以长三角地区民营经济财务数据分析为例

第一步：根据研究目的和内容判别所需采集数据的类型。

根据研究目的确定采集的财务数据是宏观资料还是微观资料，是动态资料还是静态资料。

试一试

为了更深入地研究地区民营经济发展，宏观和微观两方面的资料都需要采集。

宏观方面，需要采集近年来我国民营企业发展的总体情况。

微观方面，锁定长三角地区以电子商务为主业的两家知名民营企业——阿里巴巴和拼多多作为主要研究对象，深入挖掘两家案例公司近年的财务数据。

第二步：寻找资料来源。

确定好所需采集数据的类型后，利用文案调查法搜集以上这些已经公开出版或发表的数据资料。调查者应尽可能地有效使用各种检索工具，如索引、指南、摘要等，以发现与研究主题有关的信息源和信息资料，并减少寻找的时间和扩大信息量。

想一想

从哪里可以获取所需要的财务信息资源？

第三步：收集并记录资料。

在弄清资料来源后，调查者就要开始收集所需的资料。

在采集资料的同时，应当记录下这些资料的详细情况（作者、文献名、刊名或出版商、刊号、出版时间、页码等），以便在后面检查验证资料的正确性时，能准确查到其来源。

试一试

尽可能多地采集丰富的财务数据资料。

国家统计局-数据网址：http://www.stats.gov.cn/sj

新浪财经网址：https://finance.sina.com.cn/

第四步：将查找到的资料导入 Excel 中，并对查找的资料进行清理、补充。由于采集的资料来源复杂，信息分散且凌乱，调查者需要对已采集的资料进行整理。

2. 导入 Access 数据

导入 Access 数据的具体步骤如下。

第一步：在 Excel 中选择"数据"→"自 Access"命令，如图 3-1 所示。

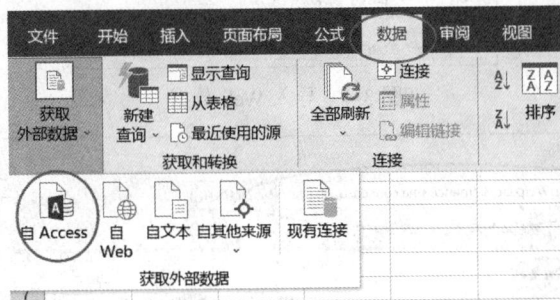

图 3-1 导入 Access 数据

第二步：在弹出的对话框中选择需要的 Access 文件"财务数据.accdb"，如图 3-2 所示。

第三步：单击"打开"按钮，在弹出的对话框中选择需要的表，确定数据的显示方式和放置位置，单击"确定"按钮，导入需要的 Access 文件，如图 3-3 所示。

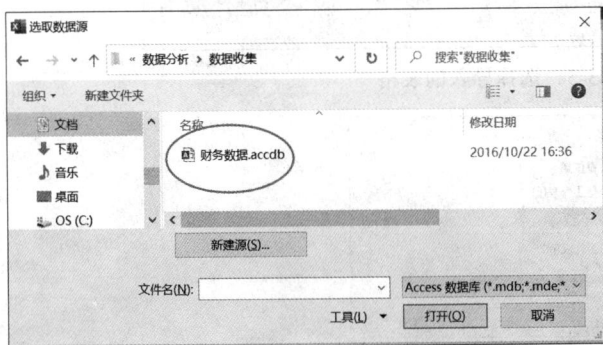

图 3-2 选择 Access 文件

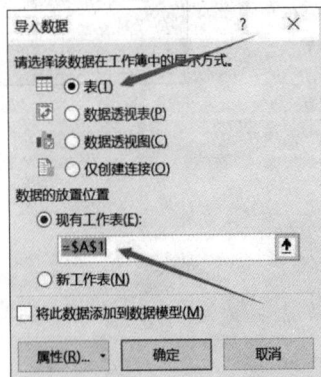

图 3-3 选择显示方式和放置位置

3. 导入网站表格数据

在 Excel 中导入网站表格数据的具体步骤如下。

第一步：在 Excel 中选择"数据"→"自 Web"命令，如图 3-4 所示。

第二步：输入或复制并粘贴网址，如图 3-5 所示。单击"导入"按钮，在弹出的对话框中选择导入表格的位置，如图 3-6 所示。单击"确定"按钮，导入的结果如图 3-7 所示。

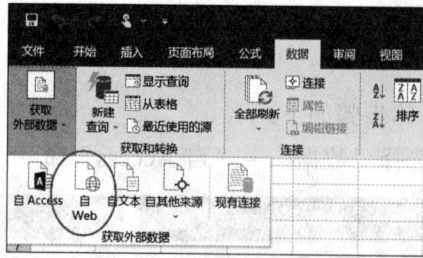

图 3-4　导入 Web 数据

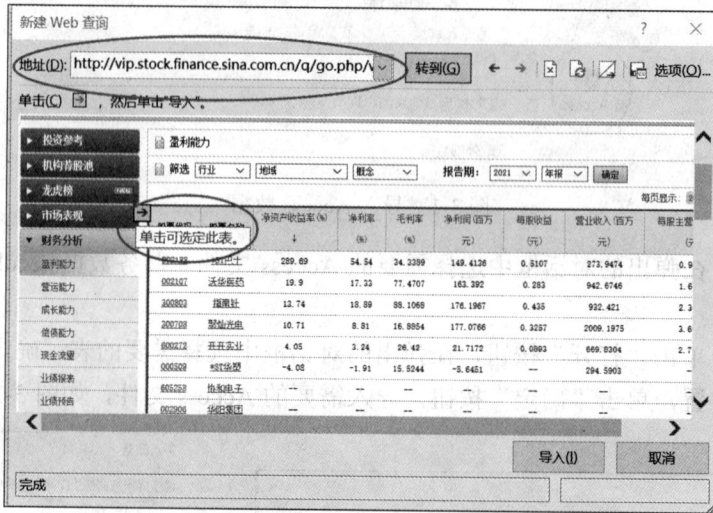

图 3-5　选择导入的表格

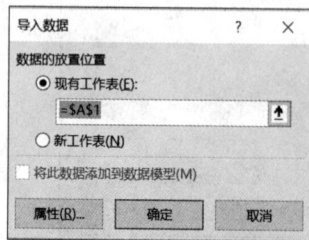

图 3-6　选择导入的位置

	A	B	C	D	E	F	G	H	I
1	股票代码	股票名称	净资产收益率(%)↓	净利率(%)	毛利率(%)	净利润(百万元)	每股收益(元)	营业收入(百万元)	每股主营业务收入(元)
2	2188	*ST巴士	289.69	54.54	34.3389	149.4136	0.5107	273.9474	0.9364
3	2107	沃华医药	19.9	17.33	77.4707	163.392	0.283	942.6746	1.6331
4	300803	指南针	13.74	18.89	88.1068	176.1967	0.435	932.421	2.3022
5	300708	聚灿光电	10.71	8.81	16.8854	177.0766	0.3257	2009.1975	3.6958
6	600272	开开实业	4.05	3.24	26.42	21.7172	0.0893	669.8304	2.7565
7	509	*ST华塑	-4.08	-1.91	15.5244	-5.6451	--	294.5903	--

图 3-7　导入的结果

也可以选择网页上的数据后，右击，在弹出的快捷菜单中选择"复制"命令（图3-8），再到 Excel 中粘贴即可。

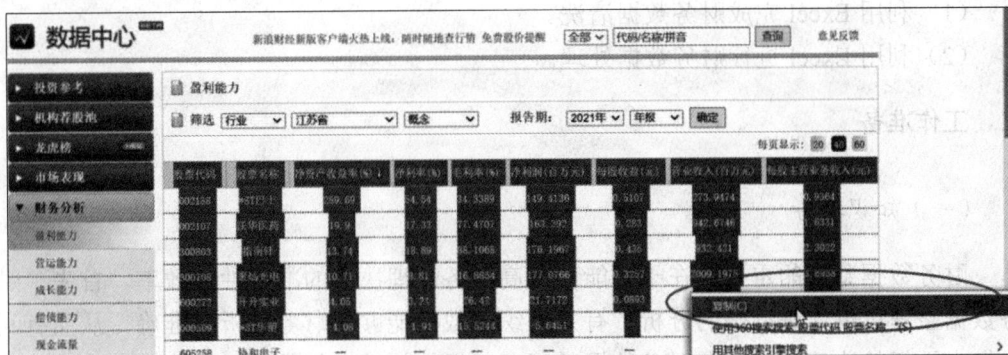

图 3-8 复制数据

练一练

1. 练习以上数据采集和导入的方法。
2. 在新浪财经网上搜索阿里巴巴和拼多多近两年的财务报告，并将其导入 Excel 中。

任务二 财务数据整理

一、任务情景

（一）任务背景

在通过文案调查法采集大量该地区民营典型企业——阿里巴巴和拼多多相关财务数据资料后发现，许多采集的资料是零碎的、分散的，需要对这些采集的资料进行归纳概括、去伪存真、去粗取精。

（二）任务布置

对任务一中采集到的宏观和微观财务数据资料进行科学的分类汇总、加工处理，为后续分析打下基础。

1. 任务思考

（1）可以直接对采集到的财务数据进行分析吗？

（2）如果要达到后期设想的分析效果，需要对采集到的数据进行怎样的整理？

2. 实验操作

（1）利用 Excel 完成财务数据清洗。

（2）利用 Excel 进行财务数据处理。

二、工作准备

（一）知识准备

财务数据整理的重要性在于它能够提高财务管理决策的准确性和效率。首先，财务数据整理可以促进准确的分析，有效组织的数据能够使财务分析更准确，从而有利于做出更好的决策。其次，财务数据整理可以提高统计工作效率，有效组织的数据能够节省检索和分析财务信息的时间和资源。财务数据整理应确保遵守财务法规并简化向涉众报告的过程。有组织的财务数据对于任何组织或企业的有效管理和战略规划都至关重要。本任务主要介绍利用 Excel 进行财务数据整理过程中常用的两种处理方式，即数据清洗和数据处理。

1. 财务数据清洗

统计数据清洗是一种对数据进行重新审查和校验的过程，目的在于对格式错误的数据进行处理纠正，纠正或删除错误的数据，补充完整缺失的数据，删除重复或多余的数据。数据清洗对随后的数据分析非常重要，因为它能提高数据分析的准确性。

在数据清单中，单元格如果出现空值，就认为数据存在缺失。缺失数据的处理方法通常有以下三种。

➢ 用样本均值（或众数、中位数）代替缺失值；

➢ 将有缺失值的记录删除；

➢ 保留该记录，在要用到该值做分析时，将其临时删除（最常用方法）。

2. 财务数据处理

数据处理就是对采集到的数据按程序设计思想进行编码、求和、排序等操作，即数据加工。数据处理的手段主要有数据转置、数据抽取、数据计算、数据汇总等，旨在把数据潜在的价值挖掘出来。

如果希望数据中的行和列互换，可以使用"数据转置"操作将数据快速地从列（行）转置到行（列）中。

数据抽取是指利用原数据清单中某些字段的部分信息得到一个新字段。常用的数据抽取函数有 left( )、right( )、mid( )、year( )、month( )、day( )等。

数据计算是 Excel 的一个核心功能，用"+"表示加法运算，用"-"表示减法运算，用"*"表示乘法运算，用"/"表示除法运算，除此之外也可以用函数进行复杂运算。

数据汇总在 Excel 中主要可以运用“开始”选项卡下面的“排序和筛选”选项进行数据各类排序、筛选等。此功能也可以运用“数据”选项卡下面的“排序和筛选”“分级显示”进行数据组合及分类汇总等。

（二）业务要领

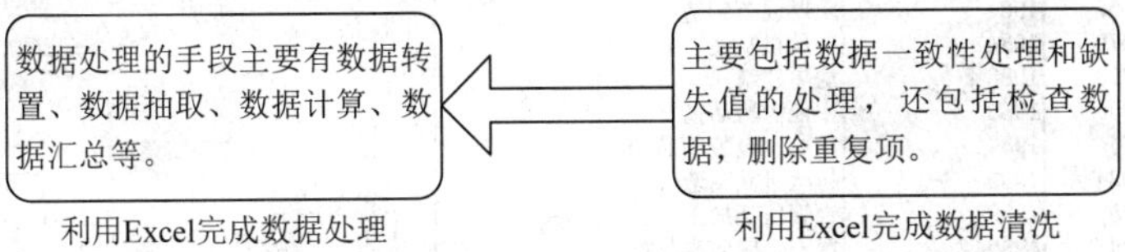
数据处理的手段主要有数据转置、数据抽取、数据计算、数据汇总等。
利用Excel完成数据处理
主要包括数据一致性处理和缺失值的处理，还包括检查数据，删除重复项。
利用Excel完成数据清洗

三、训练操作

1. 数据清洗

（1）数据一致性处理

采集的数据经常会出现同一字段的数据格式不一致的问题，如图 3-9 所示。这会直接影响后续的数据分析，所以必须对数据的格式做出一致性处理。

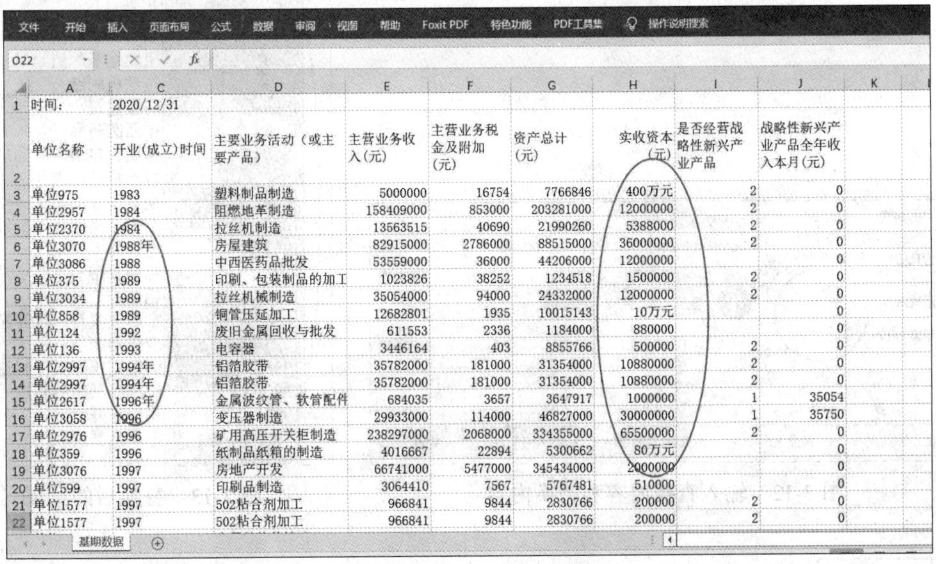

	A	C	D	E	F	G	H	I	J
1	时间：	2020/12/31							
2	单位名称	开业(成立)时间	主要业务活动（或主要产品）	主营业务收入(元)	主营业务税金及附加(元)	资产总计(元)	实收资本(元)	是否经营战略性新兴产业产品	战略性新兴产业产品全年收入本月(元)
3	单位975	1983	塑料制品制造	5000000	16754	7766846	400万元	2	0
4	单位2957	1984	阻燃地革制造	158409000	853000	203281000	12000000	2	0
5	单位2370	1984	拉丝机制造	13563515	40690	21990260	5388000	2	0
6	单位3070	1988年	房屋建筑	82915000	2786000	88515000	36000000	2	0
7	单位3086	1988	中西医药品批发	53559000	36000	44206000	12000000		0
8	单位375	1989	印刷、包装制品的加工	1023826	38252	1234518	1500000	2	0
9	单位3034	1989	拉丝机械制造	35054000	94000	24332000	12000000	2	0
10	单位858	1989	铜管压延加工	12682801	1935	10015143	10万元		0
11	单位124	1992	废旧金属回收与批发	611553	2336	1184000	880000		0
12	单位136	1993	电容器	3446164	403	8855766	500000	2	0
13	单位2997	1994年	铝箔胶带	35782000	181000	31354000	10880000	2	0
14	单位2997	1994年	铝箔胶带	35782000	181000	31354000	10880000	2	0
15	单位2617	1996年	金属波纹管、软管配件	684035	3657	3647917	1000000	1	35054
16	单位3058	1996	变压器制造	29933000	114000	46827000	30000000	1	35750
17	单位2976	1996	矿用高压开关柜制造	238297000	2068000	334355000	65500000	2	0
18	单位359	1996	纸制品纸箱的制造	4016667	22894	5300662	80万元		0
19	单位3076	1997	房地产开发	66741000	5477000	345434000	2000000		0
20	单位599	1997	印刷品制造	3064410	7567	5767481	510000		0
21	单位1577	1997	502粘合剂加工	966841	9844	2830766	200000	2	0
22	单位1577	1997	502粘合剂加工	966841	9844	2830766	200000	2	0

图 3-9　数据格式不一致的资料

打开 Excel 文件“基期.xlsx”，找到“基期数据”工作表。以图 3-9 所示的数据为例，将“开业（成立）时间”这个字段中的数据去掉字符“年”。

第一步：把鼠标指针移到字母 C 上，当指针变成⬇时，单击选择 C 列，如图 3-10 所示。

第二步：选择“查找和选择”→“替换”命令，如图 3-11 所示。

第三步：在“查找和替换”对话框的“查找内容”中输入“年”，设置“替换为”

为空，单击"全部替换"按钮完成替换，如图 3-12 所示。替换后的结果如图 3-13 所示。

图 3-10　选择 C 列

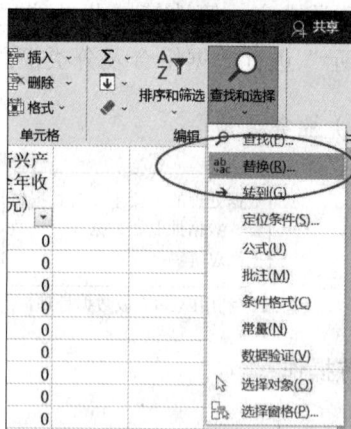

图 3-11　选择"替换"命令

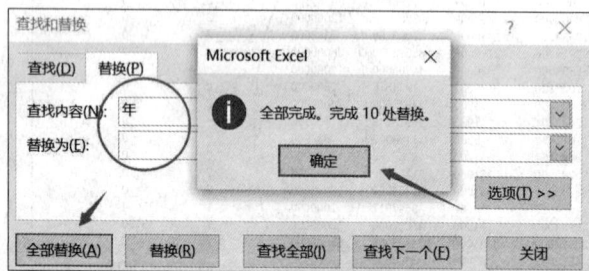

图 3-12　输入查找内容和替换内容

图 3-13　替换后的结果

练一练

按照以上步骤，将"基期.xlsx"文件中"基期数据"工作表 C 列的"开业（成立）时间"这个字段中的数据去掉字符"年"。

以图 3-9 所示的数据为例，将"实收资本（元）"这个字段中的单位不统一的数据统一单位。

第一步：把鼠标指针移到字母 H 上，当指针变成 ↓ 时，单击选择 H 列，如图 3-14

所示。

第二步：选择"查找和选择"→"替换"命令，如图 3-15 所示。

图 3-14　选择 H 列

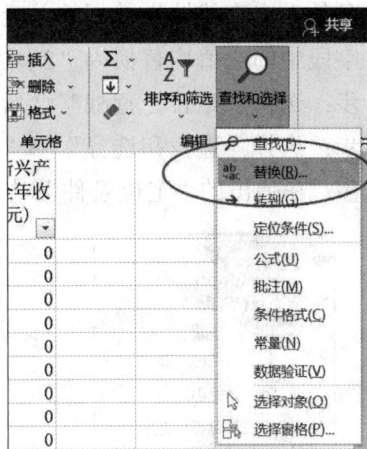

图 3-15　选择"替换"命令

第三步：在"查找和替换"对话框的"查找内容"中输入"万元"，设置"替换为"为"0000"，单击"全部替换"按钮完成替换，如图 3-16 所示。替换后的结果如图 3-17 所示。

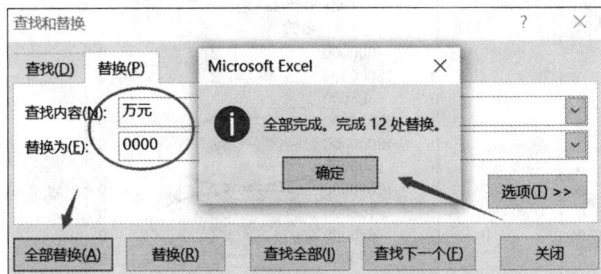

图 3-16　输入查找内容和替换内容

图 3-17　替换后的结果

练一练

按照以上步骤，将"基期数据"工作表 H 列"实收资本（元）"这个字段中的单位不统一的数据统一单位。

（2）缺失数据的处理

首先来解决如何发现缺失数据，仅靠眼睛来搜索缺失数据显然是不现实的，一般用"定位条件"来查找缺失数据的单元格。下面将操作 I 列"是否经营战略性新兴产业产品"字段中的空值均替换为"2"。

第一步：选择"是否经营战略性新兴产业产品"所在的 I 列。

第二步：选择"查找和选择"→"定位条件"命令，如图 3-18 所示。

第三步：在弹出的"定位条件"对话框中，选中"空值"单选项，如图 3-19 所示。

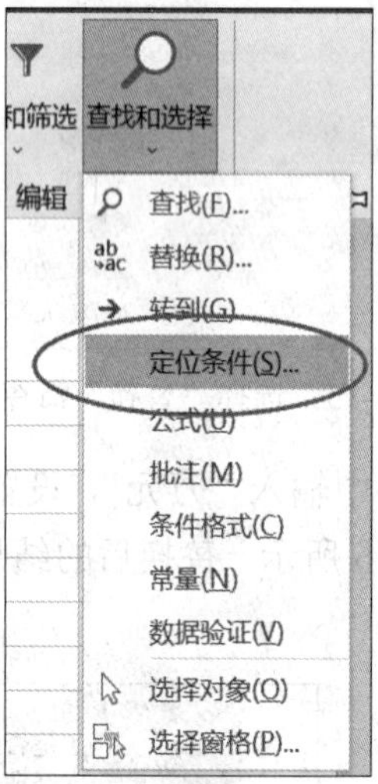

图 3-18　选择"定位条件"命令 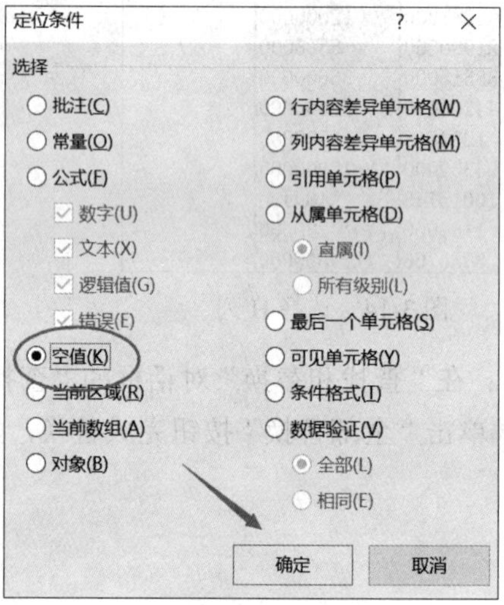　　　图 3-19　选择定位条件"空值"

第四步：单击"确定"按钮后，I 列所有的空白单元格呈选中状态，如图 3-20 所示。

第五步：输入替代值"2"，按 Ctrl+Enter 组合键确认，结果如图 3-21 所示。

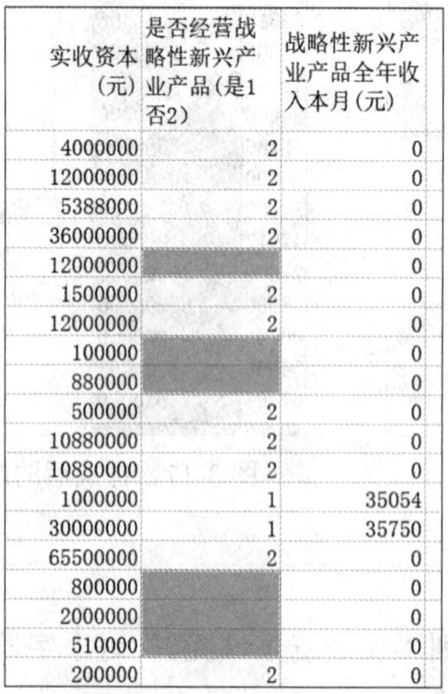

图 3-20　查找到所有空白单元格　　　图 3-21　统一输入新的数据

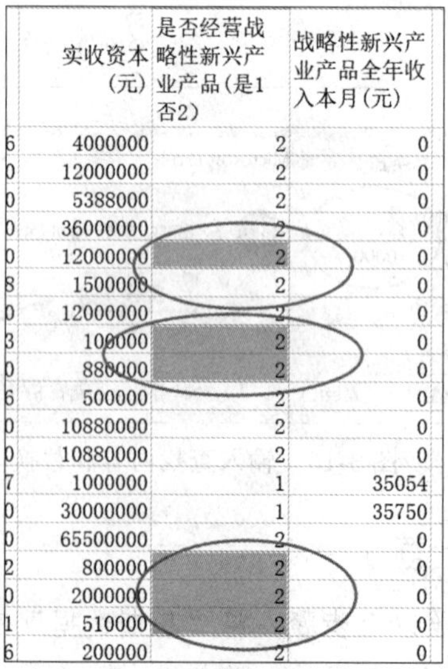

按照以上步骤，将"基期数据"工作表 I 列"是否经营战略性新兴产业产品"字段中的空值均替换为"2"。

（3）删除重复数据

删除重复记录的操作极其简单，只需单击数据表的任意位置，选择"数据"→"删除重复值"命令即可，如图 3-22 和图 2-23 所示。

图 3-22 在"数据"中找到"删除重复值"

主要业务活动（或主要产品）	主营业务收入（元）	主营业务税金及附加（元）	资产总计（元）	实收资本（元）	是否经营战略性新兴产业产品（是1否2）	战略性新兴产业产品全年收入本月（元）
塑料制品制造	5000000	16754	7766846	4000000	2	0
阻燃地革制造	158409000	853000	203281000	12000000	2	0
拉丝机制造	13563515	40690	21990260	5388000	2	0
房屋建筑	82915000	2786000	88515000	36000000	2	0
中西医药品批发	535				2	0
印刷、包装制品的加工	10				2	0
拉丝机械制造	350				2	0
铜管压延加工	126				2	0
废旧金属回收与批发	6				2	0
电容器	34				2	0
铝箔胶带	35782000	181000	31354000	10880000	2	0
金属波纹管、软管配件	684035	3657	3647917	1000000	1	35054
变压器制造	29933000	114000	46827000	30000000	1	35750
矿用高压开关柜制造	238297000	2068000	334355000	65500000	2	0

Microsoft Excel

发现了 4 个重复值，已将其删除；保留了 984 个唯一值。

确定

图 3-23 删除重复值

按照以上步骤，删除"基期数据"工作表所有的重复值，即重复的企业财务信息。

2. 数据处理

（1）数据转置

操作的方法是：先复制好横行数据，然后在粘贴时单击"开始"→"剪贴板"组"粘贴"按钮下面的三角箭头，单击"转置"按钮即可，如图 3-24 所示。转置性粘贴效果如图 3-25 所示。

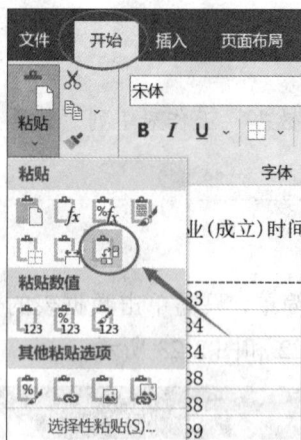

图 3-24　转置性粘贴

	B	C	D	E	F	G	H	I	J
2	单位名称	开业(成立)时间	主要业务活动（或主要产品）	主营业务收入(元)	主营业务税金及附加(元)	资产总计(元)	实收资本(元)	是否经营战略性新兴产业产品(是1否2)	战略性新兴产业产品全年收入本月(元)

图 3-25　转置性粘贴效果

> **练一练**
>
> 　按照以上步骤，将"基期数据"工作表第 2 行和第 3 行的数据信息，转置性粘贴到新建工作表的第 A 列和第 B 列。

（2）数据抽取

在文件中将 C2 显示的包含年、月、日的时间，分单元格抽取显示在 D2:F2 单元格，具体操作如图 3-26～图 3-28 所示。

图 3-26　YEAR()函数应用

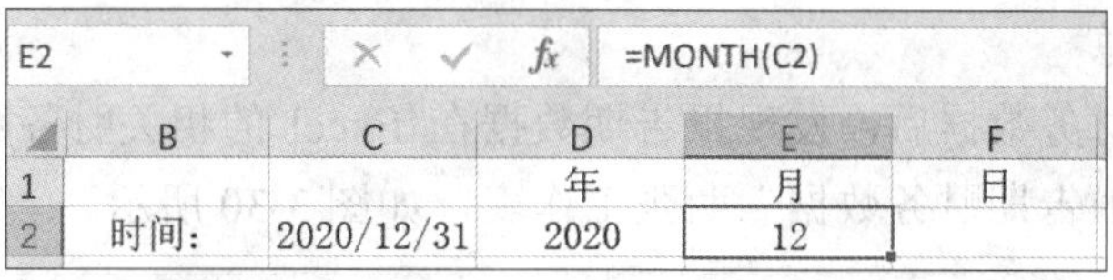

图 3-27 MONTH()函数应用

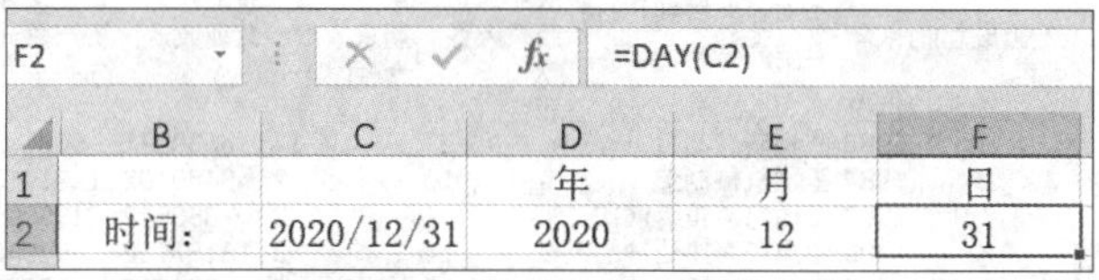

图 3-28 DAY()函数应用

练一练

按照以上步骤，将 C2 显示的包含年、月、日的时间，分单元格抽取显示在 D2:F2 单元格。

（3）数据计算

可以在 Excel 中进行数据的计算。例如，可以通过公式“总资产周转率=营业收入÷资产总额”来计算总资产周转率，用以分析总资产的周转速度。总资产周转率越高，表明企业的销售能力越强；总资产周转率越低，表明企业的销售能力越弱。操作如图 3-29 所示。

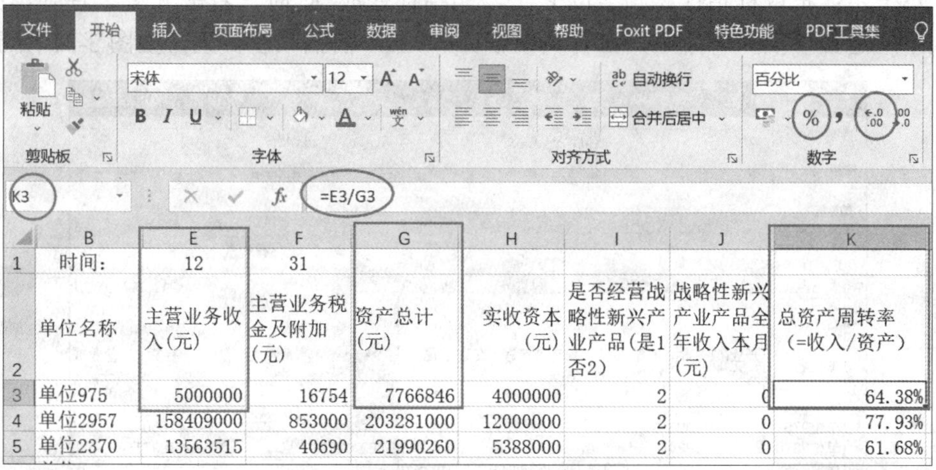

图 3-29 计算总资产周转率

练一练

按照以上步骤，在 K 列计算对应企业的总资产周转率。

（4）数据汇总

处理完基期财务数据后，发现报告期数据在 Excel 的相关财务数据涉及“报告期基础信息”和“报告期财务数据”两张工作表，如图 3-30 所示。

	A	B	C	D	E	F	G	H
1	单位名称	开业(成立)时间年	主要业务活动1（或主要产品）	从业人员期末人数(人)	从业人员期末人数女性(人)	企业法人营业收入(元)	企业法人资产总计(元)	企业法人税金及附加(元)
2	单位975	1983	塑料制品制造	23	14	3639271	5061086	69624
3	单位2370	1984	工程机械制造	10	2	3460102	19810189	896
4	单位375	1989	纸质包装箱装潢印	4	3	850942	1390991	1983
5	单位858	1989	金属表面热处理的	14	3	13157712	989406	2047
6	单位124	1992	废金属收购	5	3	360000	1668929	6550
7	单位136	1993	母线槽制造	12	4	17427195	5662857	2173
8	单位2617	1996	金属日用品制造	7	3	0	3332136	0
9	单位359	1996	纸箱包装	9	4	4133465	7610523	25761
10	单位48	1997	铸件机械制造	3	0	601179	647822	36721
11	单位599	1997	印刷服务	8	2	2750302	1100929	15878
12	单位1039	1998	床上用品制造	2	1	210000	168000	6200
13	单位2648	1998	环保工程设计	5	2	2538289	26645578	14317
14	单位54	1998	电机配件制造	10	6	2778680	1758759	28228
15	单位1412	1999	油墨及类似产品制	16	2	5930665	4004099	80755
16	单位1641	1999	机械制造	7	2	1640198	2791105	17776
17	单位1752	1999	绢锦织造	4	4	195070	1562219	109
18	单位1997	1999	耐磨复合钢板制造	33	7	21778208	22327897	217333
19	单位2191	1999	包装装潢	2	1	132044	235325	366
20	单位2848	1999	其他通用零部件制	4	2	768474	1211030	4130

报告期基础信息　报告期财务数据

图 3-30　数据涉及两张工作表

以图 3-30 所示的数据为例，将“报告期基础信息”的相关信息汇总到“报告期财务数据”工作表中，以提高后续分析的便利性。

第一步：把鼠标指针移到字母 F 上，当指针变成 ⬇ 时，右击 F 列，在弹出的快捷菜单中选择“插入”命令，在“负债合计（元）”前插入空白列，如图 3-31 所示。

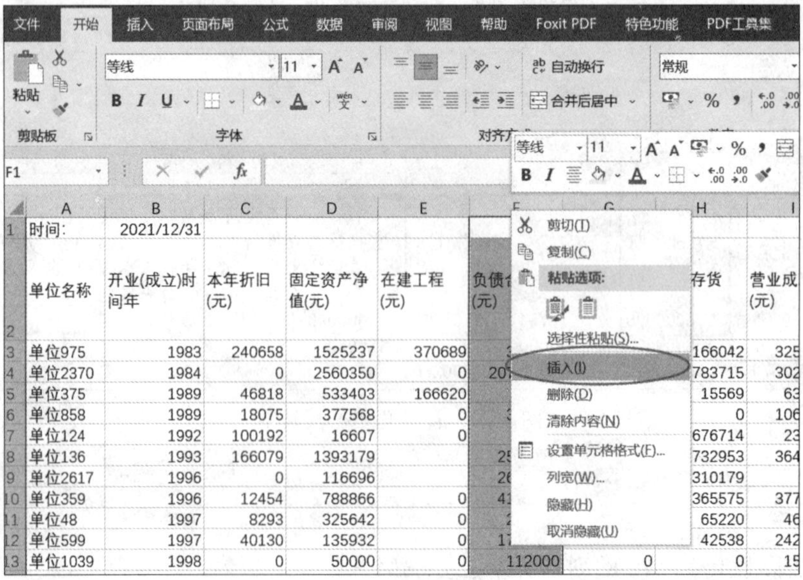

图 3-31　插入空白列

第二步：在 F2 单元格输入“企业法人资产总计（元）”，结果如图 3-32 所示。

F2　企业法人资产总计(元)

	A	B	C	D	E	F	G
1	时间:	2021/12/31					
2	单位名称	开业(成立)时间年	本年折旧(元)	固定资产净值(元)	在建工程(元)	企业法人资产总计(元)	负债合计(元)
3	单位975	1983	240658	1525237	370689		338274
4	单位2370	1984	0	2560350	0		20744612
5	单位375	1989	46818	533403	166620		85182
6	单位858	1989	18075	377568	0		359752
7	单位124	1992	100192	16607	0		3241
8	单位136	1993	166079	1393179			2528839
9	单位2617	1996	0	116696			2666603

图 3-32　新插入列

第三步：单击 F3 单元格，输入 VLOOKUP()函数“=VLOOKUP(A3,报告期基础信息!A:H,7,FALSE)”，按回车键，返回选定单元格的值，如图 3-33 所示。

F3　=VLOOKUP(A3,报告期基础信息!A:H,7,FALSE)

	A	B	C	D	E	F	G
1	时间:	2021/12/31					
2	单位名称	开业(成立)时间年	本年折旧(元)	固定资产净值(元)	在建工程(元)	企业法人资产总计(元)	负债合计(元)
3	单位975	1983	240658	1525237	370689	5061086	338274
4	单位2370	1984	0	2560350	0		20744612
5	单位375	1989	46818	533403	166620		85182

图 3-33　输入 VLOOKUP()函数

知识卡片

VLOOKUP()函数

VLOOKUP()函数用于在表格或数值数组的首列查找指定的数值，并由此返回表格或数组当前行中指定列处的数值，其语法格式为

VLOOKUP(lookup_value,table_array,col_index_num,range_lookup)

其中，

lookup_value 表示要查找的值，它可以为数值、引用或文字串。

table_array 用于指示要查找的区域，查找值必须位于这个区域的最左列。

col_index_num 为相对列号。最左列为 1，其右边一列为 2，以此类推。

range_lookup 为一逻辑值，指明函数 VLOOKUP()查找时是精确匹配（FALSE）还是近似匹配（TRUE）。

第四步：把鼠标移到 F3 单元格右下角，使光标变成✚号，效果如图 3-34 所示。之后双击，使其填充 F 列所有空白单元格，效果如图 3-35 所示。

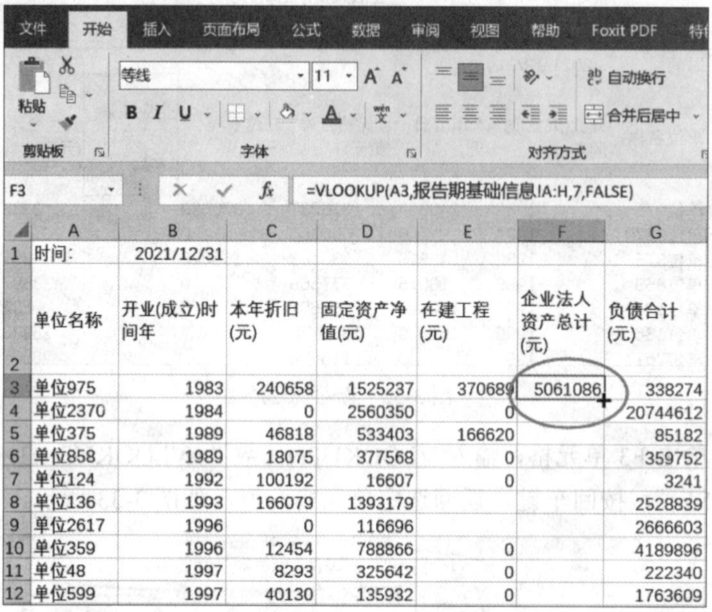

	A	B	C	D	E	F	G
1	时间:	2021/12/31					
2	单位名称	开业(成立)时间年	本年折旧(元)	固定资产净值(元)	在建工程(元)	企业法人资产总计(元)	负债合计(元)
3	单位975	1983	240658	1525237	370689	5061086	338274
4	单位2370	1984	0	2560350	0		20744612
5	单位375	1989	46818	533403	166620		85182
6	单位858	1989	18075	377568	0		359752
7	单位124	1992	100192	16607	0		3241
8	单位136	1993	166079	1393179			2528839
9	单位2617	1996	0	116696			2666603
10	单位359	1996	12454	788866	0		4189896
11	单位48	1997	8293	325642	0		222340
12	单位599	1997	40130	135932	0		1763609

图 3-34　将鼠标移动至单元格右下角

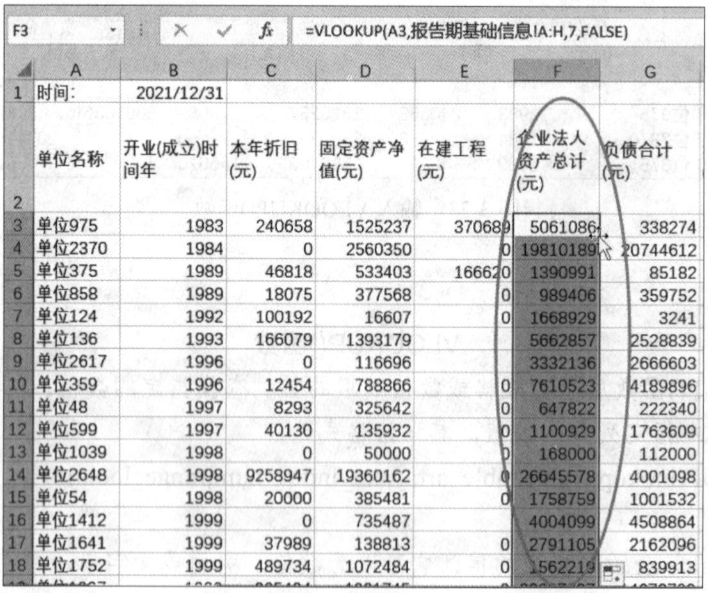

	A	B	C	D	E	F	G
1	时间:	2021/12/31					
2	单位名称	开业(成立)时间年	本年折旧(元)	固定资产净值(元)	在建工程(元)	企业法人资产总计(元)	负债合计(元)
3	单位975	1983	240658	1525237	370689	5061086	338274
4	单位2370	1984	0	2560350	0	19810189	20744612
5	单位375	1989	46818	533403	166620	1390991	85182
6	单位858	1989	18075	377568	0	989406	359752
7	单位124	1992	100192	16607	0	1668929	3241
8	单位136	1993	166079	1393179		5662857	2528839
9	单位2617	1996	0	116696		3332136	2666603
10	单位359	1996	12454	788866	0	7610523	4189896
11	单位48	1997	8293	325642	0	647822	222340
12	单位599	1997	40130	135932	0	1100929	1763609
13	单位1039	1998	0	50000	0	168000	112000
14	单位2648	1998	9258947	19360162	0	26645578	4001098
15	单位54	1998	20000	385481	0	1758759	1001532
16	单位1412	1999	0	735487		4004099	4508864
17	单位1641	1999	37989	138813	0	2791105	2162096
18	单位1752	1999	489734	1072484	0	1562219	839913

图 3-35　双击填充 F 列

第五步：用同样的方法，利用 VLOOKUP()函数，把“报告期基础信息”表中的其他信息汇总到“报告期财务数据”表中的对应位置，最后效果如图 3-36 所示。

图 3-36 完成效果

练一练

1. 按照以上步骤，将"报告期基础信息"中包括"主要业务活动""从业人员期末人数""从业人员期末人数女性"在内的相关信息汇总到"报告期财务数据"工作表中对应的 C 列、D 列和 E 列。

2. 将"报告期基础信息"中"企业法人资产总计"的相关信息汇总到"报告期财务数据"工作表中对应的 I 列。

3. 将"报告期基础信息"中"企业法人营业收入"的相关信息汇总到"报告期财务数据"工作表中对应的 M 列，达到图 3-36 的效果。

试一试

在基本掌握财务数据整理（数据清洗和处理）的情况下，尝试对任务一采集到的阿里巴巴和拼多多两家企业的财务数据进行数据整理（数据清洗和处理）。

任务三 财务数据分析与呈现

一、任务情景

（一）任务背景

现已将长三角地区 2020 年和 2021 年民营企业财务数据（宏观数据），以及阿里巴巴和拼多多企业财务数据（微观数据）进行整理，为深入分析地区民营经济发展状况，需要将这些整理后的数据进行财务数据分析。就是以财务数据和相关资料为依据和起点，采用专门方法，系统分析和评价企业过去和现在的经营成果、财务状况及其变动，目的是了解过去、评价现在、预测未来，为地区民营经济新阶段高质量发展厘清思路、寻找机遇。

（二）任务布置

在整理好该地区 2020 年和 2021 年民营企业财务数据（宏观方面），以及阿里巴巴和拼多多企业财务数据（微观数据）后，需要对不同类型的财务数据进行分析，并利用图表呈现。

1. 任务思考

（1）仔细阅读已整理好的财务数据，思考：它们主要有哪些类型？
（2）针对不同类型的财务数据，可以进行哪些分析？

2. 实验操作

（1）企业财务指标分析。
（2）企业财务指标呈现。

二、工作准备

（一）知识准备

1. 总量指标分析

（1）总量指标的概念

总量指标，是用绝对数表示的反映社会经济现象总体在一定时间、地点、条件下的总规模和总水平的统计指标。例如，2022 年全国的总人口数、国内生产总值等指标均为总量指标。总量指标是统计中最常用的指标。

> **理一理**
>
> 总量指标的特点：
> ➤ 总量指标的数值大小随统计总体范围的大小而增减。总体范围增大，绝对数数值增多；总体范围缩小，绝对数数值减少。
> ➤ 总量指标的数值表现形式是绝对数。
> ➤ 只能对有限总体计算总量指标。

　　总量指标是计算相对指标、平均指标以及各种分析指标的基础指标，其他指标都是总量指标的派生指标。因此，总量指标正确与否直接影响到其他指标的计算结果是否正确。

　　（2）总量指标的种类

　　① 总体单位总量和总体标志总量

　　总量指标按其反映现象内容的不同，可分为总体单位总量（总体总量）和总体标志总量（标志总量）。总体单位总量表明总体本身规模的大小，即总体单位数的总和。总体标志总量是指总体各单位某种标志值的总和。例如，在调查了解某市医院的经营状况时，该市的医院个数即为总体单位总量，而该市所有医院的医务人员总数、病床位总数、每天的就诊总人数等为总体标志总量。一个特定的总体内，只能存在一个总体单位总量，但可同时并存多个总体标志总量。

　　② 时期指标和时点指标

　　总量指标按其反映现象时间状况的不同，可分为时期指标和时点指标。

　　时期指标是指反映客观现象在一段时期内活动过程的总量，是事物发展变化的累计结果。例如，某地区的年贸易总额、商品销售总额、人口出生数等均为时期指标。

理一理

时期指标的特点：
➤ 时期指标可以累加。
➤ 时期指标数值的大小与所包括的时期长短有直接关系，数值的大小随时期长短而增减。
➤ 需要连续登记取得数据。

　　时点指标是指反映客观现象在某一时刻（瞬间）状况上的总量。例如，人口数、商品库存额、企业的设备台数、银行存款余额等均为时点指标。

理一理

时点指标的特点：
➤ 时点数不可以累加。
➤ 时点指标数值的大小与时点的间隔长短没有直接关系。
➤ 需要间断登记取得数据。

　　（3）总量指标的计量单位

　　根据总量指标所反映的现象性质和任务的不同，它的计量单位一般分为实物单位、价值单位和劳动单位三种形式。

　　实物单位是根据事物的自然属性和特点而采用的自然、物理计量单位，包括自然单位、度量衡单位、双重单位和复合单位。

价值单位是用货币单位表示的计量单位，如国内生产总值、利润额、固定资产价值等。

劳动单位是用劳动时间表示的计量单位，是反映劳动力数量及其利用状况所用的一种复合计量单位，如工日、工时、台时等。

2. 相对指标分析

（1）相对指标的概念

相对指标是指两个有联系的指标对比计算的比率，用以反映现象间的数量对比关系。例如，工业产品产量的计划完成程度、人口的年龄构成、人口密度等都是相对指标。

相对指标 1

相对指标的表现形式分有名数和无名数两种。

有名数是将相对指标中分子与分母指标的计量单位同时使用，即采用双重计量单位，主要用来表示强度相对指标的数值。例如，人口密度指标的计量单位是"人/千米²"、人均 GDP 指标的计量单位是"元/人"等。

无名数是一种抽象化的数值，常以系数和倍数、成数、百分数（%）等表示。

> 系数和倍数是将对比的基数抽象为 1 而计算的相对指标。例如，全国总人口数 2005 年为 130 756 万人，比 1953 年的 59 435 万人，增长了 1.2 倍。

> 成数是将对比的基数抽象为 10 而计算的相对指标。例如，某地 2005 年的产量比上年增长了一成，即增长了 1/10。

> 百分数（%）是将对比的基数抽象为 100 而计算的相对指标，它是最常用的一种表现形式。例如，某省某年城镇居民消费水平为 6102 元，为上年的 109.87%。

计算研究相对指标具有如下意义：

一是通过相对指标可以反映现象的发展程度、密度或普遍程度等。例如，某省某年 GDP 为 5577.78 亿元，与同年该省的人口数 6699 万人对比，则人均 GDP 为 8326 元，反映了该省人口与 GDP 之间的关联程度。

二是相对指标在经济管理中发挥着重要作用，它可使不能直接对比的绝对数找到共同比较的基础，从而能更深入地分析问题。例如，由于企业规模不同，不能用利润额或销售额这样的绝对数来评价企业生产经营成果，而人均利润额或人均销售额指标消除了企业规模大小的影响，可以用来恰当地评价企业的经济效益。

（2）相对指标的种类

由于研究的目的和任务不同，相对指标的对比基础也不同，从而产生了各种相对指标。常用的相对指标包括计划完成程度相对指标、结构相对指标、比较相对指标、比例相对指标、强度相对指标和动态相对指标。

相对指标 2

① 计划完成程度相对指标

计划完成程度相对指标又可称为计划完成程度相对数或计划完成百分比，它是某一时期的实际完成数与计划任务数对比的结果。计算公式为

$$计划完成程度相对指标=\frac{实际完成数}{计划任务数}\times100\%$$

计划完成程度相对指标的计算和运用必须注意以下问题：

➤ 公式中分子与分母的指标含义、计算口径、计算方法、计量单位、时间和空间范围必须一致。

➤ 判断计划完成程度的好坏应视指标类型而定。如果分析的指标是正指标（即数值越大越好的指标，如利润等），则等于、大于 100%为完成和超额完成计划，小于100%为未完成计划；如果分析的指标是逆指标（即数值越小越好的指标，如单位产品成本等），则等于、小于 100%为完成和超额完成计划，大于100%为未完成计划。

【例题 1】某企业 2022 年计划劳动生产率比上年提高 10%，实际提高了 15%，计算该企业劳动生产率计划完成程度。

解：

$$计划完成程度相对指标=\frac{100\%+15\%}{100\%+10\%}\times100\%=104.55\%$$

计算结果表明，该企业劳动生产率计划完成程度为104.55%，超额完成了4.55%。另外，还可以用 15%-10%=5%表明劳动生产率实际比计划多完成 5 个百分点。

注意：不能直接用 15%与 10%相除（等于 150%）来表示计划完成程度相对指标。

【例题 2】某工业企业 2022 年 A 产品单位成本计划降低 5%，实际降低 6%。计算该工业企业 A 产品单位成本计划完成程度。

解：

$$计划完成程度相对指标=\frac{100\%-6\%}{100\%-5\%}\times100\%=98.95\%$$

计算结果表明，该企业 2022 年 A 产品单位成本降低计划完成程度为98.95%，超额完成了成本降低任务。另外，还可以用实际降低率减去计划降低率，即 6%-5%=1%表明 A 产品单位成本实际比计划多降低 1 个百分点。

注意：不能用 6%除以 5%（等于 120%），大于 100%说明未完成成本降低计划，这与实际情况不符。

根据统计研究目的和任务的不同，计划完成程度相对指标的分母（计划数），可以是绝对数，也可以是相对指标或平均数。

② 结构相对指标

结构相对指标又称比重，是利用统计分组的方法，将总体区分为性质不同的组成部分，用总体部分数值与总体全部数值对比计算求得的比重或比率，即同一时间、同一总体内，部分数值与全部数值之比。计算公式为

$$结构相对指标 = \frac{总体部分数值}{总体全部数值} \times 100\%$$

结构相对指标一般用百分数表示。例如，2020 年 GDP 为 1 006 363.3 亿元，其中第三产业为 551 973.7 亿元，则第三产业占 GDP 的 54.85%。

由于结构相对指标是用总体部分数值与总体全部数值对比得到的，所以同一总体的各部分所占比重之和应为 100% 或 1。总体的结构反映了总体的性质，不同的结构常常表明总体性质的差别。因此，通过结构相对指标可以反映总体的状况及总体结构的特征。

③ 比较相对指标

比较相对指标是指在同一时间、不同空间条件下，两个相同指标对比求得的指标，反映现象发展水平的差别程度。计算公式为

$$比较相对指标 = \frac{某种空间条件下的某类指标数值}{另一空间条件下的同类指标数值} \times 100\%$$

由于绝对数易受经济条件和单位规模的影响，往往不能准确地反映事物的差别程度，所以比较相对指标常用相对指标或平均数来计算。比较相对指标不仅可用于不同国家、不同地区、不同单位的比较，还可以同先进水平、标准水平或平均水平比较，通过横向对比来充分认识自己所处的位置及与别人的差距。

比较相对指标的分子与分母位置可以互换，从不同的角度说明事物发展变化的程度。例如，A 地区 2022 年企业单位数为 31 670 个，利润总额为 389.85 亿元；B 地区 2022 年企业单位数为 64 630 个，利润总额为 646.57 亿元，则 B 地区企业单位数为 A 地区的 204.07%，利润总额为 A 地区的 165.85%。

④ 比例相对指标

总体内各个组成部分之间存在着一定的联系，并在客观上保持适当的比例。比例相对指标是将同一总体内的各部分数值对比计算的相对指标，表明事物内部的比例关系，即同一时间、同一总体内各部分数值之比。计算公式为

$$比例相对指标 = \frac{总体中某一部分数值}{同一总体中另一部分数值} \times 100\%$$

社会经济生活中许多重大的比例关系，如人口的性别比例关系，农业、轻工业、重工业的比例关系，储蓄与消费的比例关系等，都是通过计算比例相对指标来反映的。

比例相对指标一般用比例或百分数的形式表示。例如，按产值计算的农业、轻工业、重工业比例为 1 : 3.5 : 4.1。比例相对指标的分子与分母位置可以互换，从不同的角度说明事物发展变化的程度。

理一理

比例相对指标和比较相对指标的区别如下：

➤ 分属于两个总体的同类指标对比是比较相对指标，而属于同一总体的则为比例相对指标。

➤ 比例相对指标一般有一个客观的标准，需要各部分比例协调发展，不符合这个比例标准就会造成经济上的破坏和损失。

➤ 比较相对指标只是反映客观事物的大小、多少及达到某一标准的情况，不存在比例关系是否协调的问题。

---

⑤ 强度相对指标

强度相对指标是两个性质不同，但有一定联系的总体指标数值之比，用以反映现象的强度、密度或普遍程度的统计指标。计算公式为

$$强度相对指标 = \frac{某一总体的指标数值}{另一性质不同但有联系的总体指标数值} \times 100\%$$

例如，2020 年底全国总人口为 141 212 万人，GDP 为 1 006 363.3 亿元，则人均 GDP 为 71 828 元。

理一理

强度相对指标的特点：

➤ 强度相对指标多数采用复合计量单位，如人口密度（人/千米^2）。

➤ 强度相对指标涉及两个总体指标数值的对比，带有平均的含义，但不同于平均数。例如，人均粮食产量（粮食总产量/总人口数）为强度相对指标，分子与分母属于两个总体，当分母变动时，分子不随之变动；而人均粮食消费量属于平均数（粮食总消耗量/总人口数），当分母变大时，分子随之变大，分子是分母与每个人的粮食消耗量之积，分子与分母属于同一总体。

➤ 某些强度相对指标的分子、分母的位置可以互换，因而有正指标、逆指标之分，此类情况多属于人口与服务机构、人口与服务人员之比。例如，商业网点密度（正指标）=商业网点数（个）/总人口数（万人），即每万人拥有多少个商业网点，数值越大越好；商业网点密度（逆指标）=总人口数（万人）/商业网点数（个），即每个商业网点负担多少人口，数值越小越好。

---

⑥ 动态相对指标

事物是不断发展变化的，要了解这种发展变化的趋势和规律性，需要计算动态相对指标。它是同一总体同类指标在不同时间的对比，是用来说明现象发展变化程度的指标。

$$动态相对指标 = \frac{报告期水平}{基期水平} \times 100\%$$

例如，全国 2000 年第五次人口普查总人口数 126 583 万人，比 1990 年第四次人口普查总人口数 113 368 万人增长了 11.66%，即动态相对指标（发展速度）为 111.66%。

各种相对指标有其各自的特点及适用条件，但它们彼此之间并不互相排斥，因而构成了相对指标方法体系，见表 3-1。

表 3-1 各种相对指标的方法体系

种类	表现形式	作用	特点
结构相对指标	百分数、系数	表明总体内部构成情况	各部分比例之和等于 100%
比例相对指标	百分数、倍数	表明总体内部各部分间的比例关系	分子、分母可以互换位置
比较相对指标	百分数	反映不同空间同一时间同类现象间的差异程度	分子、分母可以互换位置
动态相对指标	百分数、系数、倍数	反映现象在同一空间，随时间变化而发展变化的程度	分子、分母指标相同，但时期不同
强度相对指标	有名数、百分数	反映现象的强度、密度或普遍程度	分子、分母是不同类现象，带有平均的含义，可有正、逆指标
计划完成程度相对指标	百分数	检查计划完成程度和执行进度	分子、分母不能互换位置

3. 平均指标分析

（1）平均指标的概念

平均指标是反映总体各单位某一数量变量值一般水平的统计指标，如平均工资、平均人数、平均亩产量、平均价格等。

知识卡片

位置平均数

（1）中位数

中位数又称位置平均数，是指将总体中各单位的变量值按从大到小顺序排列后，居于中间位置的变量值。由于中位数的位置居中，则有一半的数小于中位数，有一半的数大于中位数，通常在描述某一组数据大小与一般水平的时候，会将平均值和中位数放在一起看。可以

集中趋势的度量 1：位置平均数

根据公式 $\frac{n+1}{2}$ 确定中位数的值：如果 n 为奇数，则中位数就是位于最中间的变量值；若 n 为偶数，则中位数就是位于中间位置的两个变量值的平均数。

（2）众数

众数是指总体中出现次数最多的变量值。由于众数是最普遍的平均指标，因此，它表明了社会经济现象的一般水平。在实际工作中，只要提供常见的指标作为安排工

作的依据和参考，就可以选择众数。例如，要说明市场上某种蔬菜的价格，或者消费者在购买某类服饰时对尺寸的需求等，众数就可以满足要求。

（2）平均指标的计算

① 简单算术平均数

简单算术平均数是将总体单位的每一个标志值（变量值）相加得到的标志总量除以总体单位总量求得的平均数，其计算公式为

$$\overline{X} = \frac{x_1 + x_2 + \cdots + x_n}{n} = \frac{\sum\limits_{i=1}^{n} x_i}{n}, i = 1, 2, \cdots, n$$

式中，$\overline{X}$ 为算术平均数，x_i 为不同个体的变量值。

② 加权算术平均数

加权算术平均数是对已经分组的数据（即变量数列）利用频数进行计算，其计算公式为

集中趋势的度量2：数值平均数

$$\overline{X} = \frac{x_1 f_1 + x_2 f_2 + \cdots + x_n f_n}{f_1 + f_2 + \cdots + f_n} = \frac{\sum\limits_{i=1}^{n} x_i f_i}{\sum\limits_{i=1}^{n} f_i}, i = 1, 2, \cdots, n$$

式中，f_i 为不同个体变量值出现的次数。

【例题3】某店铺日常运营需要监控店铺各品类的销售数据，该店铺"餐巾纸"在3月的每日销售量数据如下（单位：万件）：

23　34　21　23　43　21　23　21　43　45　55　56　34　32　89　98　99
92　67　55　43　43　43　39　21　43　54　43　21　32　30

请根据该店铺3月每日的销售量，计算其日平均销售量。

解：根据公式，可求得该店铺日平均销售量为

$$\overline{X} = \frac{x_1 + x_2 + \cdots + x_n}{n} = \frac{\sum\limits_{i=1}^{n} x_i}{n} = \frac{23 + 34 + 21 + \cdots + 32 + 30}{31} = 44.71（万件）$$

计算结果表明：该店铺在3月的日平均销售量为44.71万件。

试一试

除了使用简单算术平均法进行计算，也可以试利用加权算术平均法来计算平均数。

通过加权算术平均数的计算，可以知道计算平均数时，加权算术平均数的大小不仅取决于总体各单位的变量值 x，还取决于各变量出现的次数 f。

4. 变异指标分析

（1）变异指标的概念

变异指标是表明总体各个单位标志变量值的差异程度（离散程度）的指标，在统计学领域中，常见的变异指标有方差、标准差和离散系数。

（2）变异指标的计算

① 方差

方差是在概率论和统计中衡量随机变量或一组数据时离散程度的度量。概率论中方差用来度量随机变量和其数学期望（即均值）之间的偏离程度。总体方差的计算公式为

$$\sigma^2 = \frac{\sum(X-\mu)^2}{N}$$

式中，σ^2 为总体方差；X 为变量；μ 为总体均值；N 为总体例数。

实际工作中，当总体均值难以得到时，应用样本统计量代替总体参数，经校正后，样本方差的计算公式为

$$S^2 = \frac{\sum(X-\bar{X})^2}{n-1}$$

式中，S^2 为样本方差；X 为变量；$\bar{X}$ 为样本均值；n 为样本例数。

② 标准差

标准差又称标准偏差，是方差的算术平方根，用 σ 表示。在统计学中，标准差常被作为统计分布程度上的测量依据。计算公式为

$$\sigma = \sqrt{S^2} = \sqrt{\frac{\sum(X-\bar{X})^2}{n-1}}$$

③ 离散系数

离散系数又称标准差系数，它是从相对角度观察的差异和离散程度，在比较相关事物的差异程度时比直接比较标准差要好一些。计算公式为

$$V_S = \frac{S}{\bar{x}} \times 100\%$$

式中，V_S 为标准差系数；S 为标准差；$\bar{x}$ 为算术平均数。

📱 知识卡片

最大值和最小值

最大值，即为已知数据中的最大的一个值；最小值，即为已知数据中的最小的

一个值。最大值和最小值在数据描述性统计中是最基础的一组指标，可以通过这组数据了解该数据组的跨度与大小范围，同时，还可以估计数据的离散程度（变异程度）。

（二）业务要领

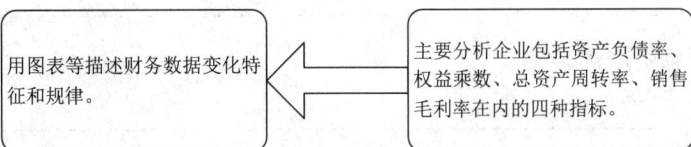

用图表等描述财务数据变化特征和规律。	←	主要分析企业包括资产负债率、权益乘数、总资产周转率、销售毛利率在内的四种指标。
利用Excel完成财务数据分析图表		利用Excel完成财务指标分析

三、训练操作

1. 分析企业财务指标——以2021年某地区民营企业经济数据为例

（1）分析资产负债率

练一练

打开整理好的报告期财务数据（图3-37），在 Excel 中完成资产负债率的计算与分析。

图 3-37　报告期资产和负债数据

（2）分析权益乘数

> **练一练**
>
> 　在报告期财务数据中，在 Excel 中完成权益乘数的计算与分析。
> （**提示**：所有者权益=总资产-总负债）

（3）分析总资产周转率

> **练一练**
>
> 　在报告期财务数据中，根据图 3-38 的提示，在 Excel 中完成总资产周转率的计算
> 与分析。

	A	B	C	D	E	F	G	H	I	J	K	L	M	N
1	时间：	2021/12/31												
2	单位名称	开业(成立)时间年	主要业务活动	从业人员期末人数(人)	从业人员期末人数女性(人)	本年折旧(元)	固定资产净值(元)	在建工程(元)	企业法人资产总计(元)	负债合计(元)	年初存货(元)	期末存货(元)	企业法人营业收入(元)	营业成本(元)
3	单位975	1983	塑料制品制造	23	14	240658	1525237	370689	5061086	338274	335199	166042	3639271	3258113
4	单位2370	1984	工程机械制造	10	2	0	2560350	0	19810189	20744612	13347538	12783715	3460102	3023381
5	单位375	1989	纸质包装箱装饰	4	3	46818	533403	166620	1390991	85182	66328	15569	850942	632582
6	单位858	1989	金属表面热处理	14	3	18075	377568	0	989406	359752	0	0	13157712	1061670
7	单位124	1992	废金属收购	5	1	100192	16607	0	1668929	3241	878286	676714	360000	233548
8	单位136	1993	母线槽制造	12	4	166079	1393194	0	5662857	2528839	602589	732953	17427195	3647745
9	单位2617	1996	金属日用品制造	7	3	0	116696	0	3332136	2666603	310179	310179	0	0
10	单位359	1996	纸箱包装	9	4	12454	788866	0	7610523	4189896	307800	365575	4133465	3772172
11	单位48	1997	铸件机械制造	3	0	8293	325642	0	647822	222340	93400	65220	601179	465308
12	单位599	1997	印刷服务	8	2	40130	135932	0	1100929	1763609	69142	42538	2750302	2429538
13	单位1039	1998	床上用品制造	2	1	0	50000	0	168000	112000	0	210000	150000	
14	单位2648	1998	环保工程设计	5	2	9258947	19360162	0	26645578	4001098	40500	40500	2538289	581655
15	单位54	1998	电机配件制造	10	6	20000	385481	0	1758759	1001532	3300	3300	2778680	2351791
16	单位1412	1999	油墨及类似产品	16	2	0	735487	0	4004099	4508864			5930665	5266814
17	单位1641	1999	机械制造	2	2	37989	138813	0	2791105	2162096	1028596	735128	1640198	1500915
18	单位1752	1999	销锦织造	4	4	489734	1072484	0	1562219	839913	103534	177319	195070	147143

图 3-38　报告期资产和营业收入数据

（4）分析销售毛利率

> **练一练**
>
> 　在报告期财务数据中，根据图 3-39 的提示，在 Excel 中完成销售毛利率的计算与
> 分析。

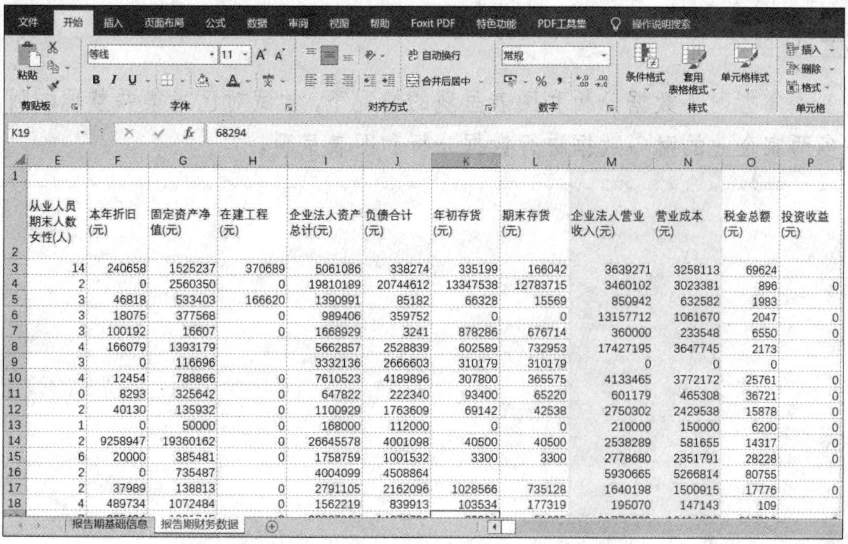

图 3-39　报告期营业收入和营业成本数据

2. 呈现财务数据分析结果

练一练

前面已经在基期数据中计算了 2020 年相关单位的总资产周转率，如图 3-40 所示。尝试对两年的总资产周转率做动态分析，并在 Excel 中将上述分析结果用图表呈现。

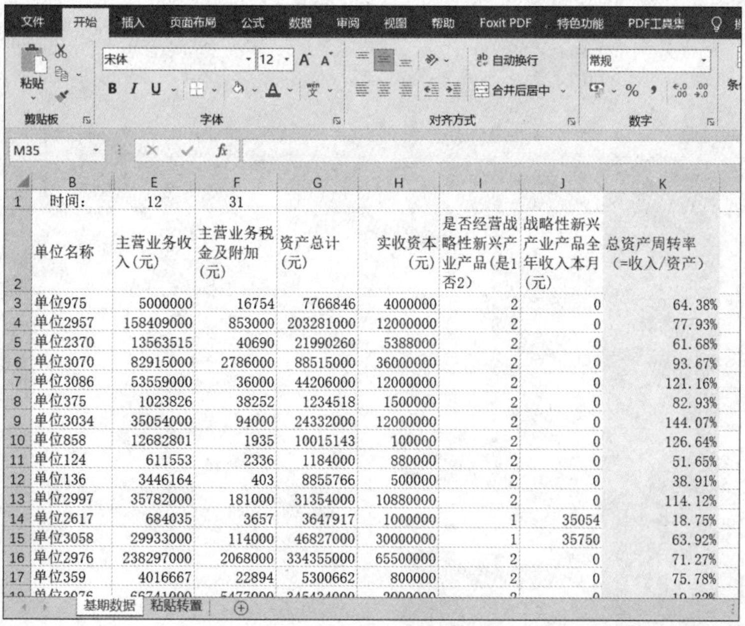

图 3-40　基期总资产周转率

试一试

　　在基本掌握财务数据分析和图表呈现的情况下,尝试对已采集并整理的阿里巴巴和拼多多两家企业的财务数据进行数据分析和图表呈现。

项目四 电商数据分析

项目情景

摩羯电子商务公司主要经营服装类、食品快消类行业商品，在服装行业中市场占比3%，年营收34亿元。考虑到国家市场政策与企业发展，公司预备进军"大消费"生活日用领域，根据新消费行业研究报告选定了稳健发展行业——日消品，结合公司的已有技术选定为日用纸业市场。

你作为摩羯电子商务公司前端部门的数据分析师，在不考虑企业资源限度的情况下，通过市场与行业分析，对目标市场进行前期调研。在此过程中需要先了解行业情况、收集市场数据，然后进行数据整理和分析。

项目目标

◆ 知识目标

1. 理解并掌握网络爬虫方法与市场数据中的商业指标；
2. 理解影响因子分析和回归分析；
3. 掌握模型拟合优度判别与模型解读。

◆ 技能目标

1. 掌握网络爬虫的基本方法与步骤；
2. 应用数据分析软件进行数据影响因子分析和回归分析；
3. 独立应用模型并解读拟合优度。

◆ 素养目标

1. 体会网络数据爬取的实践意义；
2. 形成数据真实性与时效性核验的意识。

知识导图

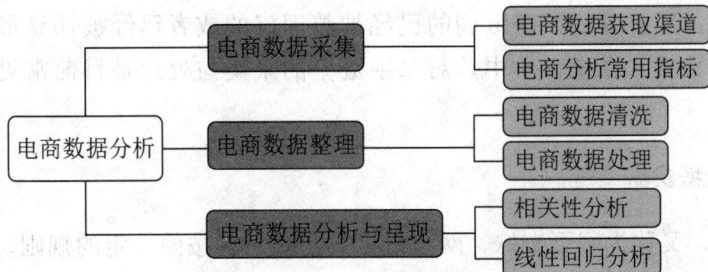

任务一　电商数据采集

一、任务情景

（一）任务背景

日消品类目中纸业商品有很多种，如餐巾纸、卫生纸等，在销售平台上的关键词也各不相同，摩羯电子商务公司选定"餐巾纸"行业为首要研究目标。在产品开发之前，需要先了解目标市场的基本情况。

（二）任务布置

对于目标市场情况的掌握是进行数据采集的第一步，也就是在数据采集之前先要确定好需要什么数据，避免白做功，然后根据需要的数据与数据精度来选定数据采集方式。

1. 任务思考

（1）了解"餐巾纸"市场和行业情况需要掌握哪些数据？
（2）如何获取电商平台中"餐巾纸"的市场与行业数据？

2. 实验操作

（1）提出、整理需要的市场数据指标类型。
（2）选定细分市场并完成相关的市场与行业数据采集。

二、工作准备

（一）知识准备

通过调查问卷获取一手数据无疑是自由度较高的数据获取渠道，但却需要长期的准备与实践。除此之外，也可以利用互联网去获得经由第三方整理好的表格数据，如财务数据。本项目尝试通过网络爬虫对电商平台中的类目信息进行采集和整理以获取所需数据。通过互联网获取到的已经被整理好的或者已经被计算形成的数据指标统称为二手数据。在统计学中，对二手数据的采集与处理是目前常见的数据使用方式。

1. 电商数据获取渠道

网络爬虫，又称为网页蜘蛛、网络机器人，是一种按照一定的规则，自动地抓取万维网信息的程序或者脚本。网络爬虫一般适用于电子商务企业以及任何一家数据流庞大的企业，这些企业需要及时地采集数据并进行储存和整理，通常使用八爪鱼、Python、SQL数据库等软件进行数据爬取与数据管理。

网络爬虫通常运用在采集外部数据的过程中。企业发展、商品入市与拓展都不能仅仅靠公司内部的数据，而需要去比较市场上的商品、竞品以及行业数据。那么怎么获得其他商品的相关数据呢？企业通常无法通过企业间的数据合作获取竞争对手的关键数据，但是可以通过公开网站与平台去提取自己需要的数据，将公开网站、平台中带有的相关数据下载下来。但网站和平台中的数据是复杂的，通常包含文字、图像与数值，此时在进行数据采集时，如果没有合理高效的采集工具，就只能手动进行数据输入，这无疑是一项大工程。运用网络爬虫就可以解决这一难题，它可以根据网站后台的源代码，自动且快速地抓取关键词进行整理。

2. 电商分析常用指标

确定关键的数据指标，在数据分析或者行业研究岗位中，又称为寻找关键驱动因子。这是因为在任何一个行业中，影响市场的关键指标都有可能是不一样的，例如，在餐饮连锁行业最重要的指标是翻台率；连锁茶饮行业最重要的指标是经营效率，即租金、人工、材料这些指标，分析的核心是效率。而且在同一个行业中，由于不同企业或者品牌的发展程度不同，需要的关键指标也并不相同。

在电商市场中，衡量快消品市场情况的指标包括销量、价格、品牌、工艺等，衡量农产品市场情况的指标包括品种、生长周期、产地等，衡量服饰类市场情况的指标包括款式、工艺、品牌、价格等。

行业的关键指标可以参考各行业的行业研究报告或者企业自身做的市场前期调研来确定。行业研究目前已是较为成熟的行业分析岗位，常设于各大经济金融公司、咨询公司等。此外，企业也可以在部分平台获取公开的行业研究报告。

如何找出关键指标，这个问题非常复杂，需要深入了解行业，搞清楚行业要素。

（1）市场规模

市场规模是指在不考虑产品价格或供应商的前提下，市场在一定时期内能够吸纳某种产品或劳务的单位数目。在电商领域中通常用某平台某个品类关键词所涵盖的商品数量作为市场规模，例如，在计算"餐巾纸"这个关键词的市场规模时，只需要确定好一个电商平台，然后进行关键词搜索，统计相关的产品数量，这个产品数量就是该品类的市场规模。

（2）市场结构

市场结构（market structure）有狭义和广义之分。狭义的市场结构是指买方构成市场，卖方构成行业。广义的市场结构是指一个行业内部买方和卖方的数量及其规模分布、产品差别的程度和新企业进入该行业的难易程度的综合状态，也可以说是某一市场中各种要素之间的内在联系及其特征。通常在对某一个行业进行市场结构分析时，只单纯地考虑市场中该品类或者关键词的分布状态。

　　市场结构是进行市场分析的最基本环节，在研究某类市场时，除了需要了解目前在市场上销售的商品有多少，还需要了解这些商品分别有哪些特征。例如，在了解"餐巾纸"市场时，我们会发现，"三层""杀菌""无添加""绿色"等关键属性的商品比例较多，这也体现了"餐巾纸"这一品类经过市场更迭后，消费者的偏好分布。因为市场是卖方和买方共同决定的，什么商品销量好，市场就会更多出现类似商品，所以进行市场结构分析对于商家来说是非常重要的。

　　（3）关键价格

　　关键价格是指在某种商品类目下，所有商品的平均价格、最高价、最低价，也就是在所有的商品价格数列中找出最大值和最小值，计算出平均数即可。

　　（4）市场定位

　　市场定位是指企业在行业与市场细分中建立并保持与众不同的位置的过程，是根据一些对顾客来说重要的和决定性的属性，建立企业及其提供的产品在消费者心目中相对于竞争者的独特地位的过程。市场定位的实质是使本企业与其他企业严格区分开来，使顾客明显感觉和认识到这种差别，从而在顾客心目中占有特殊的位置。

（二）业务要领

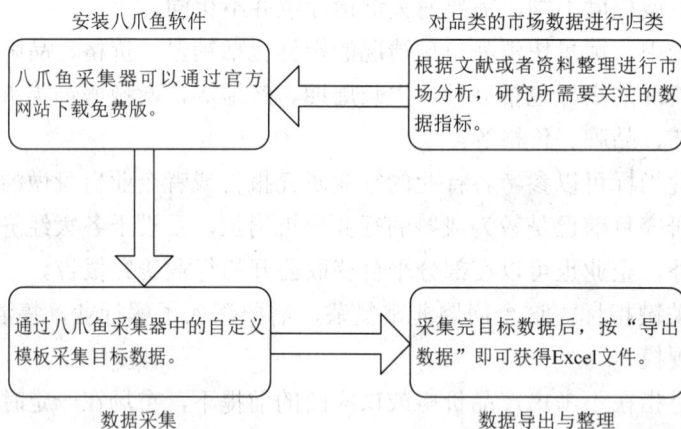

三、训练操作

1. 查阅资料确定需要的数据指标

　　在搜索引擎中搜索目标品类的关键词。例如，在搜索引擎中搜索"餐巾纸"，就可以了解有关市场的资讯，如图 4-1 所示。

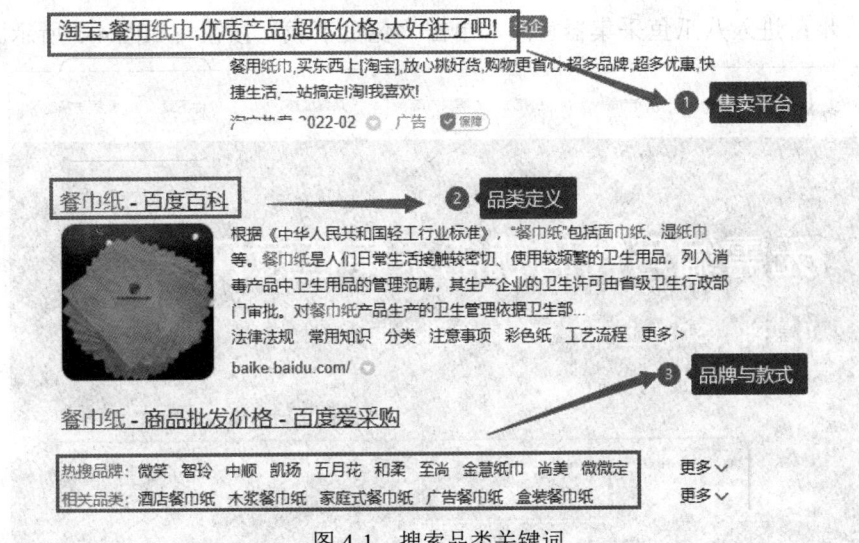

图 4-1 搜索品类关键词

除此之外，也可以利用行业中的龙头企业或者成熟的行业研究报告来了解目标品类的市场情况与指标。

练一练

搜索选定的目标品类关键词，对资料进行分析，选出需要的数据指标。

---

2. 利用八爪鱼爬取需要的市场数据

在操作前，需要先确定好数据采集的源网站，再进入八爪鱼页面进行指定网站的数据爬取。具体操作如下。

（1）安装八爪鱼软件

第一步：搜索"八爪鱼"软件。

操作-数据爬取

八爪鱼是一款可供免费使用的数据采集软件。在浏览器中搜索"八爪鱼采集器"就可以看到其官网的链接，如图 4-2 所示。

图 4-2 搜索"八爪鱼"软件

第二步：进入八爪鱼采集器官网，单击"免费下载"按钮，如图4-3所示。

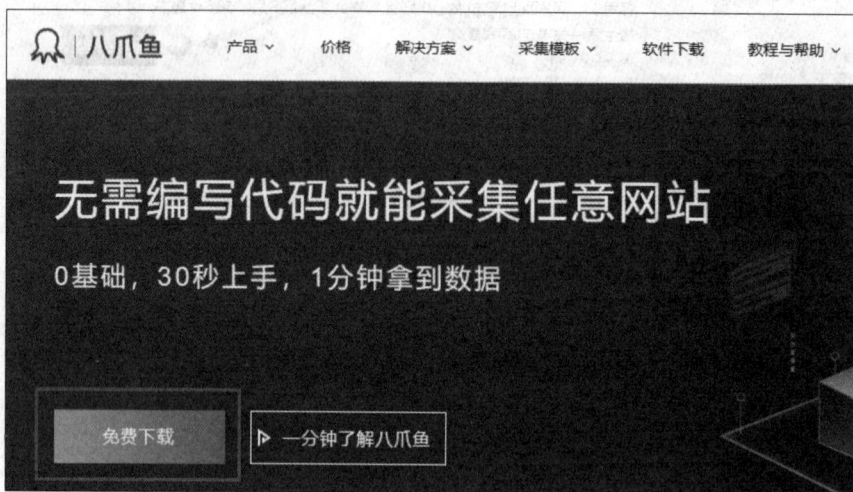

图4-3 下载页面

第三步：完成下载安装后，单击"免费注册"按钮（图4-4），利用手机号进行新用户注册。

第四步：在完成注册并进入使用之前，软件会统计用户的职业信息、信息技术水平、兴趣类型等信息，如图4-5所示。用户按照自己的实际情况填写完毕后即可进入八爪鱼首页。

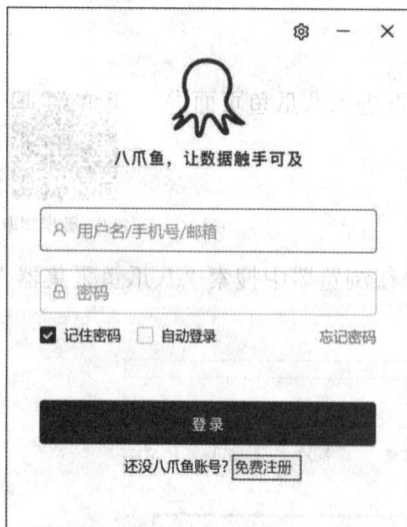

图4-4 注册页面

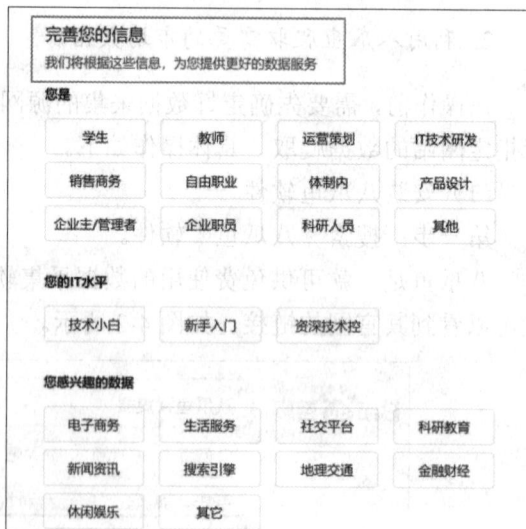

图4-5 用户情况采集

第五步：进入八爪鱼首页后可以看到不同的菜单模块，如图4-6所示。

（2）采集数据

完成软件安装后，就可以对目标网页进行数据爬虫，具体步骤如下。

图 4-6 八爪鱼首页

第一步：在八爪鱼的"新建"选项卡中，单击"自定义任务"按钮，如图 4-7 所示。

第二步：选择或新建对应的任务组，将数据源网址复制到采集器中，如图 4-8 所示。

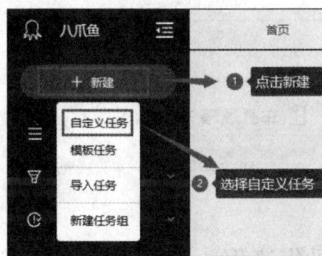

图 4-7 新建任务菜单

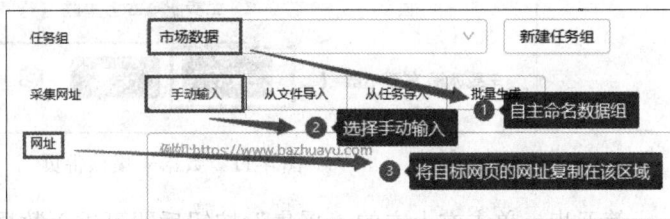

图 4-8 任务菜单设置

第三步：输入信息后，单击下方的"保存设置"按钮（图 4-9），页面就会自动跳转到如图 4-10 所示的外部链接中。

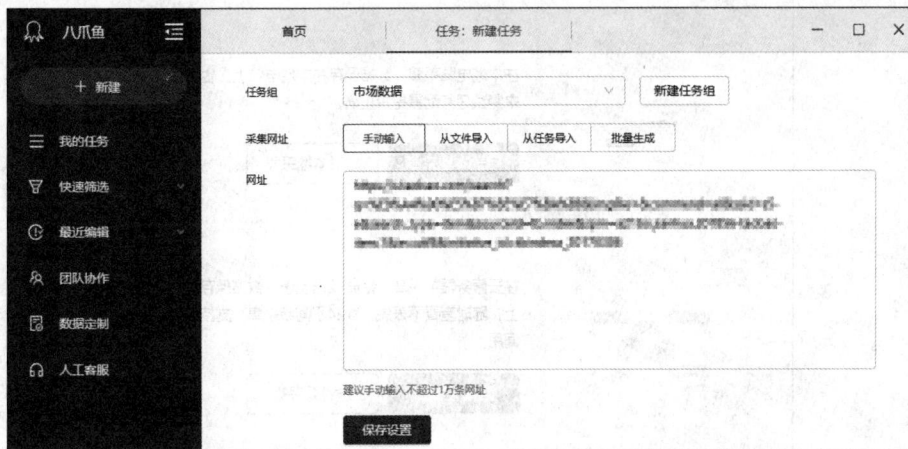

图 4-9 采集数据

图 4-10　数据采集预备页

第四步：单击页面上部的"保存"按钮，即可保存目前的采集页面模板，如图 4-11 所示。

图 4-11　数据采集预备页

第五步：单击右上方的"采集"按钮后即可进入数据采集流程。进行采集前，需要选择采集的方式。如图 4-12 所示，单击"启动本地采集"按钮，软件会自动在目标网页中采集可以爬取到的数据，如图 4-13 所示。

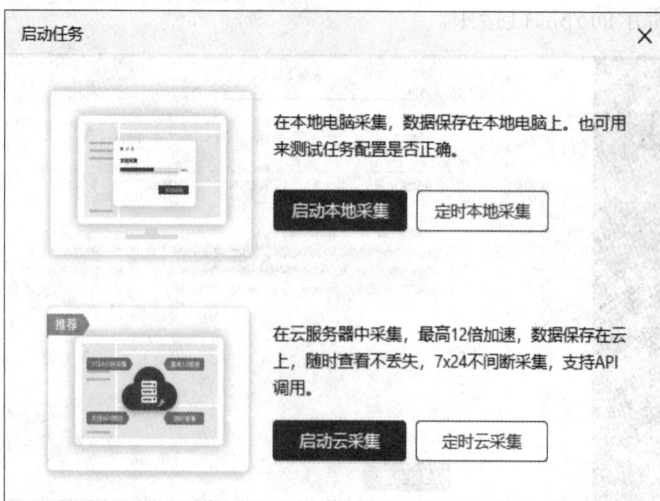

图 4-12　启动任务选项

图 4-13　数据采集页面

第六步：当数据采集完成后，选择"导出数据"并保存为 Excel 文件，如图 4-14 所示。下载完毕后可以在保存的本地文件地址中找到网络爬取的数据文件。

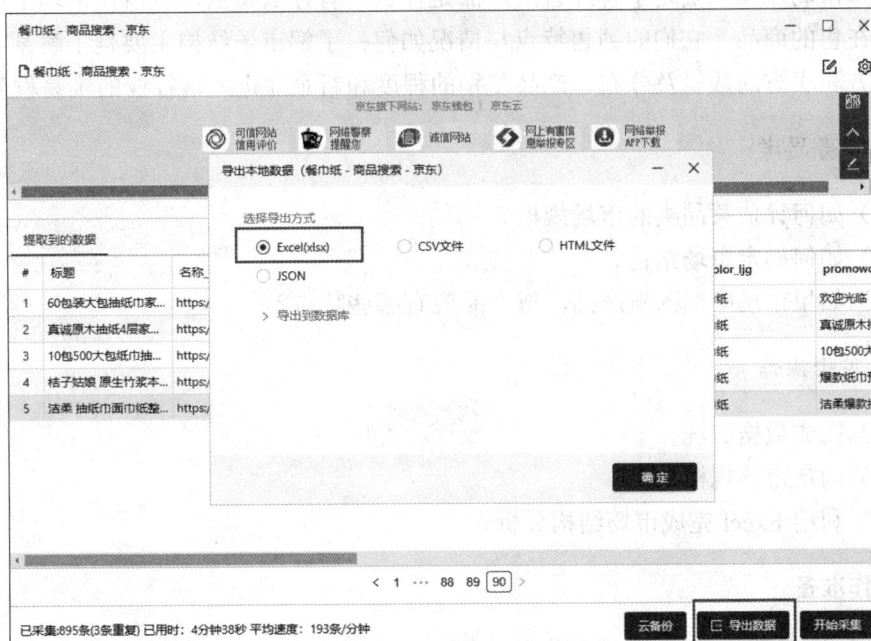

图 4-14　数据导出页面

练一练

利用八爪鱼采集目标关键词的市场数据。

任务二 电商数据整理

一、任务情景

（一）任务背景

摩羯电子商务公司在选取了"餐巾纸"这一品类关键词后，对市场进行了解，并且选定了需要采集的数据指标与类型。在电商行业中，日消品"餐巾纸"需要采集的关键指标是"价格"和"销量"，在任务一中也采集到了这两个指标。

接下来，需要利用合适的统计分析方法对目标市场数据进行分析。在市场数据分析过程中，需要了解关键词"餐巾纸"的市场规模与市场结构。

（二）任务布置

了解市场规模主要是了解经营的产品是什么，有什么特点，目前在市场上已经有了哪些在售的商品，它们的销售特点与情况如何；了解市场结构主要是了解某个行业内部买方和卖方的数量及分布、产品差别的程度和新企业进入该行业的难易程度。

1. 任务思考

（1）如何评估某品类的市场规模？

（2）如何确定市场结构？

（3）如果市场中加入新产品，新产品应有哪些特点？

2. 实验操作

（1）完成数据清洗。

（2）确定市场规模。

（3）利用 Excel 完成市场结构分析。

二、工作准备

（一）知识准备

市场分析的两个基本指标是市场规模与市场结构，商品的关键特征也是需要关注的重要数据。要进行市场分析，首先要了解数据清洗和数据处理。

1. 电商数据清洗

统计数据清洗是进行数据整理的第一步，任何数据在采集过程中都可能出现缺失值。找到缺失值后可以利用统计值替代缺失值。常用的统计值有平均值、中位数、众数，而选用哪种统计值通常取决于数据表现。当数据的离散程度较大时，说明数据内部的差异较大，此时平均数的代表性就不高，不适合用平均值来替代缺失值。

当数据呈现季节性变动时，尤其是特殊品类的销售数据（如羽绒服这类有淡旺季之分的趋势数据）可以尝试利用趋势值来替代缺失值。

> **理一理**
>
> ### 统计数据分析的要点
>
> 为了保证统计数据分析的质量与效率，需要明确以下几点。
>
> （1）确定数据分析的目的与主要内容
>
> 在做数据采集与分析之前，数据工作者一定要先确定本次分析的目的，如为了了解市场情况、为了优化某品类的市场推广策略等。只有知道要达成什么目标，才能有的放矢地选择适合的分析方法与数据。
>
> （2）选择合适的计算方法
>
> 应从整体出发，根据研究目的考虑事物的关联性。可以先列出需要计算的指标，然后推算出需要获取和使用的数据。例如，当需要了解某班期末考试的总体情况时，可以考虑通过班级平均分、各科目班级最高分和及格率来评估，此时就需要获取该班所有人的各科成绩。
>
> （3）计算指标
>
> 选定指标与对应数据后就可以进行计算，在计算过程中还需要确认数据单位是否统一、数据对象是否一致以及数据的时间是否符合要求。
>
> （4）分析指标
>
> 得到所需要的数据指标后，需要考虑采用何种方法进行分析，如比较法、假设法、动态分析法等。
>
> （5）检验分析
>
> 通常会在某一总体中选取部分样本进行分析，尤其是当总体数量无法估计时，但是需要考虑样本的特征值与一般情况是否可以代表总体。如果样本的特征值与一般情况不能代表总体，那么对于样本的分析结果就只能针对所选出来的样本单位。在做统计分析时，最基本的思路就是预期样本的一般情况可以代表总体，这时就需要利用检验分析来确定所做的模型与指标是否具有较强的代表性。

2. 电商数据处理

电商数据整理的手段需要根据研究需求和目标进行选择，主要有数据转置、数据计算和量化等，旨在把数据潜在的价值挖掘出来。电商数据中常常需要将采集到的文字型指标转换为数字型指标，以方便后面的效果评估与行业诊断。

（二）业务要领

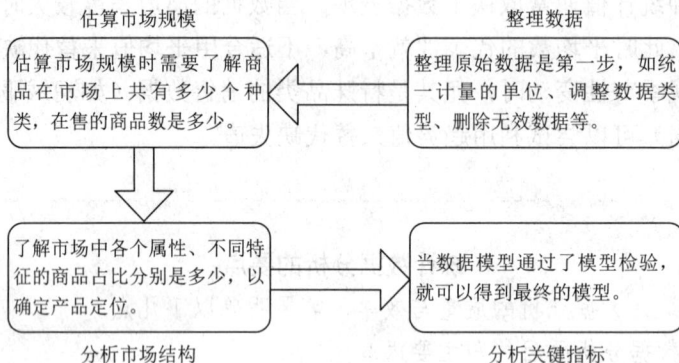

估算市场规模

估算市场规模时需要了解商品在市场上共有多少个种类，在售的商品数是多少。

整理数据

整理原始数据是第一步，如统一计量的单位、调整数据类型、删除无效数据等。

了解市场中各个属性、不同特征的商品占比分别是多少，以确定产品定位。

分析市场结构

当数据模型通过了模型检验，就可以得到最终的模型。

分析关键指标

三、训练操作

操作-数据整理

1. 整理数据——以关键词"餐巾纸"采集的数据为例

整理数据是进行数据分析的第一步，将数据中的无效数据删除、统一计量单位是非常重要的。

（1）删除无效数据

删除无效数据可以有效提高分析效率，简化分析页面。在 Excel 中，选中无效数据列，如图 4-15 所示。右击，在弹出的快捷菜单中选择"删除"命令，如图 4-16 所示。

A 标题	B 标题链接	C 图片	D 价格	E 标签	F 评价数	
全棉时代 洗脸巾一次性擦脸巾婴儿棉柔巾干湿	https://de	https://	98.80	10	500000	全棉
京东超市清风 抽纸 原木金装 纸抽 面巾纸 3层	https://de	https://	59.90	京东超市	2000000	清风
京东超市洁柔抽纸巾(C&S) 粉Face 柔韧330张	https://de	https://	56.70	京东超市	5000000	洁柔
京东超市维达(Vinda) 抽纸 超韧3层130抽*24	https://de	https://	59.90	京东超市	5000000	维达
京东京造 抽纸整箱4层100抽*20包 纸抽 婴儿	https://de	https://	36.90	10	500000	京东
京东超市植护 抽纸 三色花纸抽4层240张*40包	https://de	https://	32.90	京东超市	500000	植护
京东超市洁云（Hygienix）抽纸绒触感3层110抽	https://de	https://	42.90	京东超市	500000	洁云
京东超市清风抽纸纸巾整箱24包金装原木3层13	https://de	https://	59.90	京东超市	500000	清风
京东超市心相印抽纸 茶语丝享系列3层150抽面	https://de	https://	79.90	京东超市	5000000	心相
京东超市得宝(Tempo) 抽纸 4层100抽*18包	https://de	https://	79.90	京东超市	3000000	得宝
京东超市心相印抽纸 茶语丝享系列3层120抽面	https://de	https://	68.50	京东超市	500000	心相
京东超市清风 抽纸 原木纯品升级装3层130抽	https://de	https://	49.90	京东超市	1000000	清风
立得惠擦手纸酒店商用檫手纸抽纸家用抽取式	https://de	https://	49.80	10	20000	立得
京东超市维达(Vinda) 抽纸纸巾 超韧3层130抽	https://de	https://	15.90	京东超市	5000000	维达
京东超市洁云 抽纸 福瑞国色荷花系列3层130抽	https://de	https://	10.99	京东超市	500000	洁云
京东超市心相印抽纸 茶语丝享系列3层110抽面	https://de	https://	55.90	京东超市	5000000	心相
[满99减50 199减100]维达抽纸3层130抽24包纸	https://de	https://	107.90	10	10000	皆柔
京东超市维达(Vinda) 抽纸 超韧3层150抽*24	https://de	https://	79.90	京东超市	5000000	维达
京东超市京东京造 本色抽纸4层90抽*24包 纸	https://de	https://	39.90	京东超市	1000000	京东
洁柔【满99减50 199减100】抽纸3层110抽24包	https://de	https://	109.90	10	1000	芸柔

图 4-15　筛选无效数据

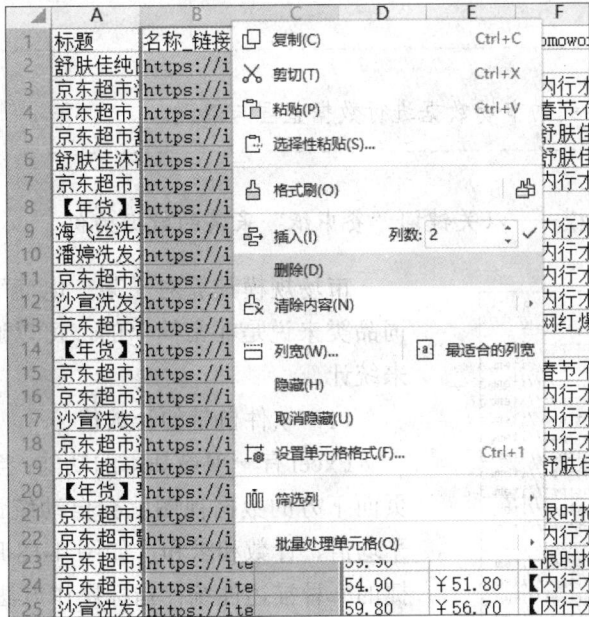

图 4-16 删除无效数据

（2）更改数据格式

在 Excel 中，常见的问题是，当选中价格、销量等数值指标时，无法进行计算，这时可以将数据的格式设置为"数值"，如图 4-17 所示。

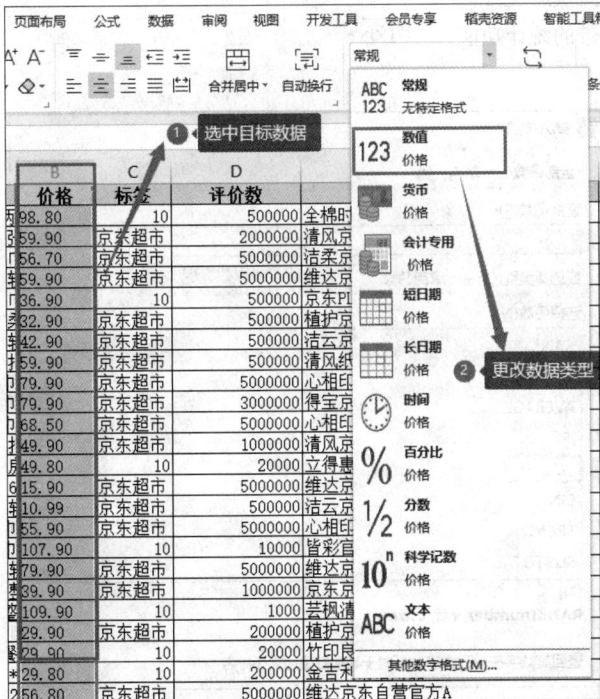

图 4-17 更改数据格式

2. 计算市场规模——以关键词 "餐巾纸" 采集的数据为例

图 4-18　利用软件自带的统计功能

市场规模计算对于某一电商平台中的某个关键词品类来说是非常简单的，可以通过以下几种方法来统计。

（1）软件自带的计数值

Excel有一项最基本的功能：当选中目标数据时，页面下方的数据视图就会自动统计出基本指标——平均值、计数和求和，如图 4-18 所示。这也是最快捷的一种描述性统计指标操作方法。

（2）函数法

函数法是指调用 Excel 中的函数集。可以利用 "COUNT" 函数来进行商品数量的统计。首先需要在函数菜单中选择 "COUNT" 函数，如图 4-19 所示。选择函数后，就可以看到函数计算的页面，如图 4-20 所示。

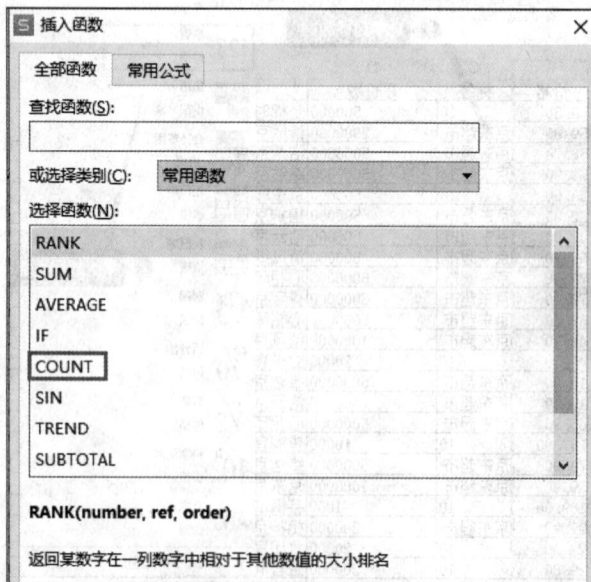

图 4-19　选择函数

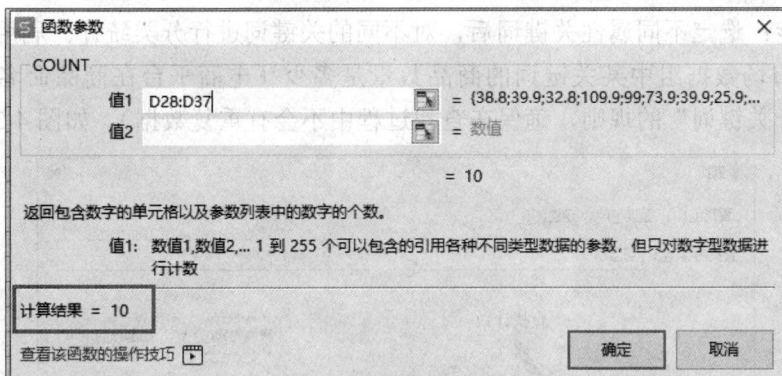

图 4-20　数据采集预备页

即使不单击"确定"按钮，在函数计算页面上也可以看到结果。对于"COUNT"函数，需要格外注意的是，它只能针对数值型数据进行计数，但现实生活中的数据有许多种类型，这时，可以考虑"COUNTA"函数，它是计算区域中非空单元格的个数，使用方法与"COUNT"函数一致。

练一练

利用自己采集的数据计算市场规模。

3. 计算市场结构——以关键词"餐巾纸"采集的数据为例

市场结构分析主要分为以下几个步骤。

第一步：确定市场中商品的不同属性关键词。利用之前整理的品类信息与"标题"来掌握某品类的主要分类，如图 4-21 所示。

操作-数据分析

图 4-21　提取关键词

第二步：选定不同属性关键词后，对不同的关键词进行分类统计。利用"查找"功能了解市场数据组中某关键词的商品数量是多少（电商平台在商品命名时有"不可重复同一关键词"的规则，确保在查找过程中不会有重复数据），如图 4-22 所示。

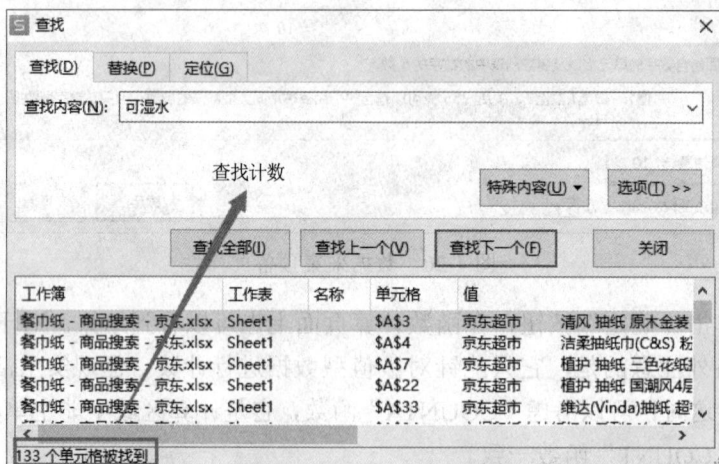

图 4-22　统计各关键词数量

第三步：计算结构比例。统计好不同类别的所属商品数量后，就可以对商品进行结构分析。例如，选择对"餐巾纸的原料成分"进行区分，就可以得到不同原料成分的餐巾纸在市场中的数量占比，如图 4-23 所示。

原料成分	数量	占比
木浆	170952	40.9%
竹浆	134588	32.2%
再生浆	68048	16.3%
草浆	44305	10.6%

图 4-23　餐巾纸原料成分的结构

由图 4-23 可知：在市场中餐巾纸的原料成分以木浆居多，占 40.9%；其次是竹浆，占 32.3%；原料为再生浆的产品占比为 16.3%；原料为草浆的餐巾纸产品占比最低，为 10.6%。

在数据展现过程中，尤其是在汇报工作成果时，仅仅使用数据表单是不够的，还需要借用一些视觉化工具，如图片。对于表现某个对象的结构分布，通常利用"饼图"来表示。饼图展示一个数据系列中各项的大小与各项总和的比例，也通常用来表示某一总体内不同分类的占比，具有较强的表现能力。

在 Excel 中选择"插入"命令，单击"饼图"按钮，插入饼图，如图 4-24 所示。

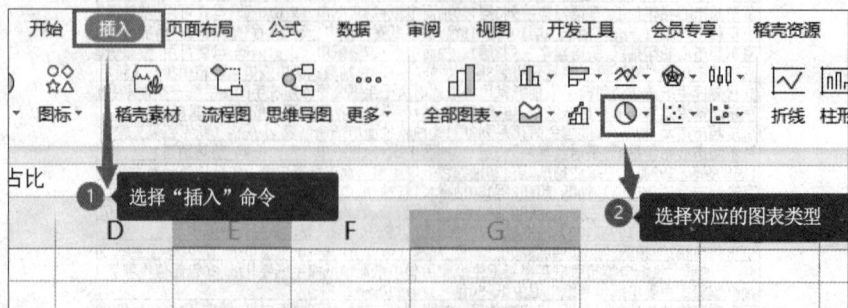

图 4-24　插入饼图

软件自动生成的图表往往较简单,还需要根据自己的研究目的进行优化,如图 4-25 所示。

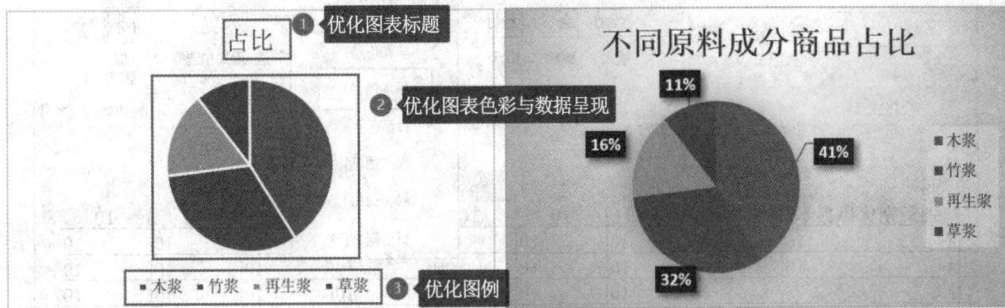

图 4-25 优化默认饼图

4. 计算品类平均价格

品类的平均价格是商品关键价格之一,平均数是某一总体平均水平的体现,削弱了最大值、最小值等极值对于总体的特别影响。了解平均水平可以帮助商家对整个市场有初步的认知,在商品定价与促销定级过程中有良好参考。

在 Excel 中,计算平均数的方法有很多。可以利用 Excel 的基础功能,只需要选中对应目标列,即可得到平均值,如图 4-26 所示。

图 4-26 选中目标列得到平均值

当然，也可以利用"平均值"函数来计算，如图 4-27 所示。

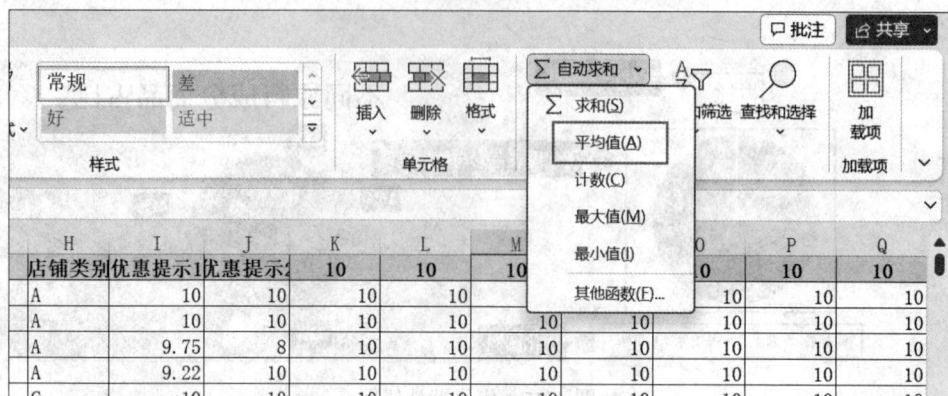

图 4-27　利用"平均值"函数计算

练一练

利用采集到的市场数据完成对应品类的基本市场规模分析与市场结构分析。

任务三　电商数据分析与呈现

一、任务情景

（一）任务背景

在已知某品类市场规模和市场结构后，可以根据数据内容去探究影响商品销量的因素，如商品价格、商品关键词和商品优惠等。人们在探究问题的过程中通常会使用拆解法，也就是探究某个目标指标的分解因素（又称影响因素）。

本任务将关键指标"销量"作为研究对象，探究该变量的影响因素并确定具体的影响程度。

（二）任务布置

探究研究对象的影响因素是较为关键的一步，需要根据行业资料、个人经验以及数据表现来确定。

1. 任务思考

（1）影响产品价格的因素有哪些？

（2）影响产品销量的因素有哪些？

（3）是否可以将产品销量的各个影响因素程度用具体的数值表现出来？

2. 实验操作

（1）分析可能影响产品价格的因素。

（2）分析可能影响产品销量的因素。

（3）根据有效的销量影响因素具体确定最终的数据模型。

二、工作准备

（一）知识准备

为了完成本任务，需要学习相关性与线性回归模型的知识。在已有的分析基础上，需要根据不同数据的特性去分析并筛选出可能影响因变量的自变量。

1. 相关性分析

（1）相关性的概念

"万物皆有联"是大数据一个最重要的核心思维。所谓联，指的就是事物之间的相互影响、相互制约、相互印证的关系。事物这种相互影响、相互关联的关系，在统计学中就叫作相关关系，简称相关性。

📖 拓展阅读

人力资源经理经常会问：影响员工离职的关键原因是什么？是工资还是发展空间？销售人员会问：哪些要素会促使客户购买某产品？是价格还是质量？营销人员会问：影响客户流失的关键因素有哪些？是竞争还是服务？产品设计人员会问：影响产品受欢迎的关键功能有哪些？是外观还是动力？……所有这些商业问题，转化为数据问题，不外乎就是评估一个因素与另一个因素之间的相互影响或相互关联的关系。分析这种事物之间关联性的方法，就是相关性分析方法。从统计学方法来说，因果关系一定会有统计显著，但统计显著并不一定就是因果关系，所以准确地说，影响因素分析就是相关性分析。

（2）相关性的种类

客观事物之间的相关性，大致可归纳为两大类：一类是函数关系，另一类是统计关系。

函数关系就是两个变量的取值存在一个函数来唯一描述。例如，销售额与销售量之间的关系，可用函数 $y=px$（y 表示销售额，p 表示单价，x 表示销售量）来表示。所以，销售量和销售额存在函数关系。这一类关系不是本书关注的重点。

统计关系指的是两事物之间的非一一对应关系，即当变量 x 取一定值时，另一个

变量 y 虽然不唯一确定，但按某种规律在一定的范围内发生变化。例如，子女身高与父母身高的关系、广告费用与销售额的关系，是无法用一个函数关系唯一确定其取值的，但这些变量之间确实存在一定的关系。大多数情况下，父母身高越高，子女的身高也就越高；广告费用花得越多，销售额也相对越多。这种关系，就叫作统计关系。

在初接触统计学的过程中，需要学习的是统计关系。可以从图 4-28 中了解统计学中的相关关系结构。

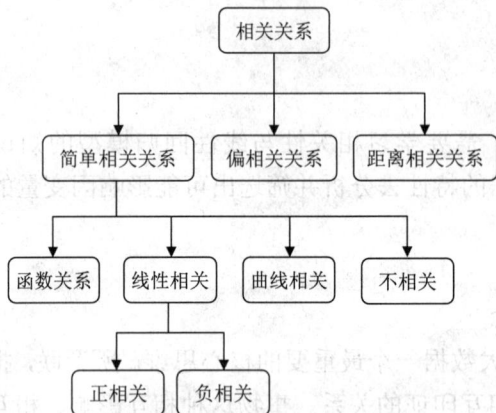

图 4-28　统计相关关系结构图

（3）相关系数的计算

在描述或者表达相关性的时候，通常指定一个指标 r 作为相关系数。在统计学中，皮尔逊相关系数（Pearson correlation coefficient）用于度量两个变量 X 和 Y 之间的相关（线性相关）性，其值介于-1 与 1 之间。

估算样本的协方差和标准差，可得到皮尔逊相关系数，常用 r 表示，其计算公式为

$$r = \frac{\sum_{i=1}^{n}(X_i - \bar{X})(Y_i - \bar{Y})}{\sqrt{\sum_{i=1}^{n}(X_i - \bar{X})^2}\sqrt{\sum_{i=1}^{n}(Y_i - \bar{Y})^2}}$$

式中，X_i 表示数列 X 中的任一值；$\bar{X}$ 表示数列 X 的均值。在实际应用中，可以利用数据分析软件直接输出 r 值。

（4）相关性描述方式

描述两个变量是否有相关性，常见的方式有相关图、相关系数、统计显著性。常见的相关图是散点图，如图 4-29 所示。

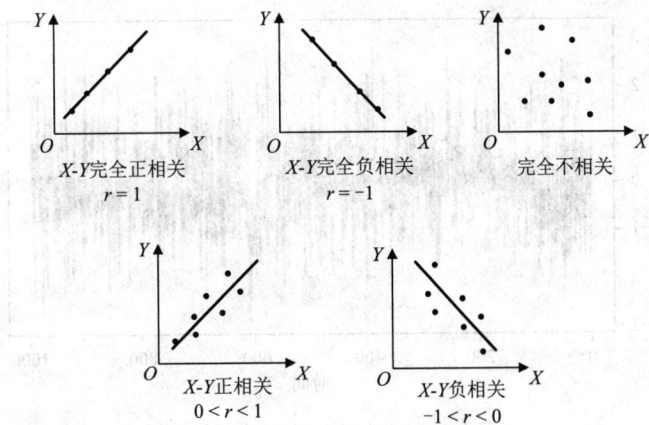

图 4-29　相关关系示意图

2. 线性回归分析

（1）模型的概念

"模型"是统计学领域中的专业名词，它可以是一条直线，也可以是一条曲线，还可以是任何形状的图形。

回归分析概念

例如，"我能将老鼠的体型和体重做成模型"，这是什么意思呢？这么做有什么意义呢？在这个情境中，模型指的是一种关系，它可以用来探索体重和体型的关系，即：老鼠越重，体型越大；老鼠越轻，体型越小。模型也可以是方程。如图 4-30 所示，图中圆点是通过抽取样本观察后的实际值，图中的直线是通过建模得到的拟合值，也就是推测值。在此情境下，这条直线表示的方程就是一个统计模型。模型是对真实数据的一种近似估计。

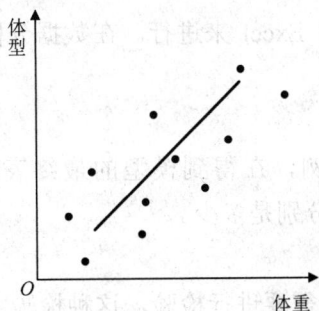

图 4-30　老鼠体重和体型关系散点图

除了直线型的统计模型，还有非常规的模型图像，如图 4-31 所示，这是在时间序列模型中利用数据合成的白噪声图。

在模型中，较为简单的、直接探究变量之间对应关系的模型较多，线性回归模型就是其中应用最为广泛的模型之一，也是本次任务需要认识和了解的主要模型之一。

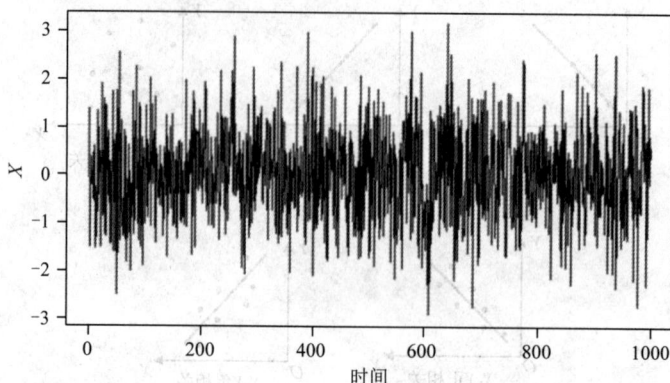

图 4-31　时间序列模型示意

（2）统计建模的步骤

虽然在数据分析过程中有试错的机会，但是为了保证统计数据分析的质量与效率，在选择模型时需要了解以下几点。

① 确定研究目的

很多时候可以根据数据表现来快速选择模型。如果数据中变量值与时间是一一对应的，就可以尝试选择时间序列模型；如果数据中的变量多于两个，就可以考虑利用线性回归模型。

② 数据前验

数据前验是指在选择完合适的模型后，需要判定数据的分布以及相关性。常用的线性回归模型需要数据呈现正态分布，且变量间存在显著相关性。确保这两个基本条件后才可以进行模型拟合。

③ 模型拟合

模型拟合的过程可以利用 Excel 来进行。在数据分析软件中，只需要解读模型拟合的结果表。

④ 模型结论

在此以线性回归模型为例，在得到模型的最终表达式后需要确定一般表达式 $Y=a+bX+e$ 中的 "a" 和 "b" 分别是多少。

⑤ 模型拟合优度检验

每一个模型在建立好后都需要进行检验，这种检验主要包含两个目的：第一个目的是检验模型整体的情况，误差值是否较小，与数据实际分布是否匹配；第二个目的是对模型中的参数进行检验，也就是上述提到的 "a" 和 "b" 的取值是否合适，参数取值不当会影响模型整体的表现。

（3）线性回归模型

线性回归模型是利用数理统计中的回归分析来确定两种或两种以上独立变量间相

互依赖的定量关系的一种统计分析方法，运用十分广泛。一般表达式为 $Y=a+bX+e$，e 为误差且服从均值为 0 的正态分布。

在回归分析中，只包括一个自变量和一个因变量，且二者的关系可用一条直线近似表示，这种回归分析称为一元线性回归分析。如果回归分析中包括两个或两个以上的自变量，且因变量和自变量之间是线性关系，则称为多元线性回归分析。

📘 知识卡片

线性回归是回归分析中第一种经过严格研究并在实际应用中广泛使用的类型。这是因为线性依赖于其未知参数的模型比非线性依赖于其未知参数的模型更容易拟合，而且产生的估计的统计特性也更容易确定。

线性回归有很多实际用途，可分为以下两大类。

其一，如果目标是预测或者映射，线性回归可以用来对观测数据集的和 X 的值拟合出一个预测模型。当完成这样一个模型以后，对于一个新增的 X 值，在没有给定与它相配对的 Y 的情况下，可以用这个拟合过的模型预测出一个 Y 值。

其二，给定一个变量 Y 和一些变量 $X_1, X_2, \cdots, X_n$，这些变量有可能与 Y 相关，线性回归分析可以用来量化 Y 与 X_i 之间相关性的强度，评估出与 Y 不相关的 X_i，并识别出哪些 X_i 的子集包含了关于 Y 的冗余信息。

在实际生活中，线性回归模型的应用多种多样，在金融行业，资本资产定价模型就是利用线性回归以及 Beta 系数的概念分析和计算投资的系统风险。这是从投资回报和所有风险性资产回报的模型 Beta 系数直接得出的。

┌─ 理一理 ─┐

也可以利用线性回归模型计算、预测自己感兴趣的，可能符合线性模型的数据。如果猜测摄入的卡路里与体重增长是有相关性的，但是又不确定其中具体的数值，就可以尝试利用线性回归模型来实现。

总而言之，线性回归模型就是在数据散点分布中找到一个最佳的线性方程去表示这组数据，如图 4-32 所示。

图 4-32（a）展示的是一组数据的散点分布图，依稀可以猜测它们是正相关关系，但是两者间具体是如何相互制约的，需要利用数据来衡量，于是可以拟合图 4-32（b）中的线性模型，也就是图中的直线，通过这条拟合的直线就可以知道假设变量 X 和 Y 的线性一般式 $Y=a+bX+e$ 中的系数 b 和常数项 a 分别是多少，即可以利用确切的 X 去估计未知的 Y。

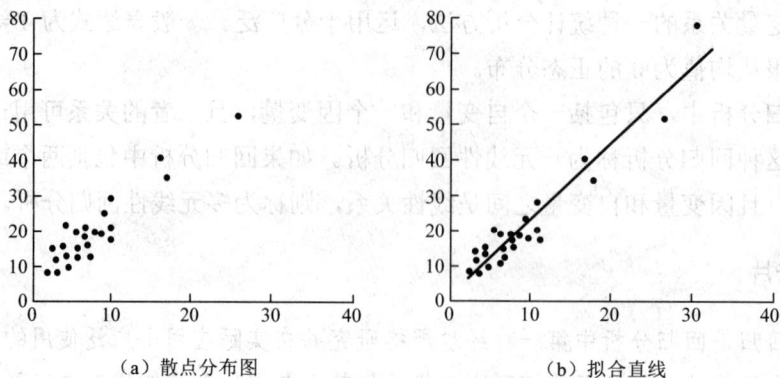

(a) 散点分布图   (b) 拟合直线

图 4-32   线性回归模型示意图

📖 拓展阅读

　　有关吸烟对死亡率和发病率影响的早期证据来自采用了回归分析的观察性研究。为了在分析观测数据时减少伪相关，除最感兴趣的变量之外，通常研究人员还会在他们的回归模型里包括一些额外变量。例如，当有一个回归模型，在这个回归模型中吸烟行为是研究人员最感兴趣的独立变量，其相关变量是经数年观察得到的吸烟者寿命。研究人员可能将社会经济地位当成一个额外的独立变量，以确保任何经观察所得的吸烟对寿命的影响不是由于教育或收入差异引起的。然而，研究人员不可能把所有可能混淆结果的变量都加入到实证分析中，某种不存在的基因可能会增加人死亡的概率，还会让人的吸烟量增加。因此，比起采用观察数据的回归分析得出的结论，随机对照试验常能产生更令人信服的因果关系证据。当可控实验不可行时，回归分析的衍生，如工具变量回归，可尝试用来估计观测数据的因果关系。

（4）线性回归方程误差

　　数学模型与实际问题之间的误差称为模型误差。凡是拟合的模型都会有误差，这是模型与实际值之间的误差。只有控制误差，才能得到更加贴合实际数据的模型。那么什么是误差呢？

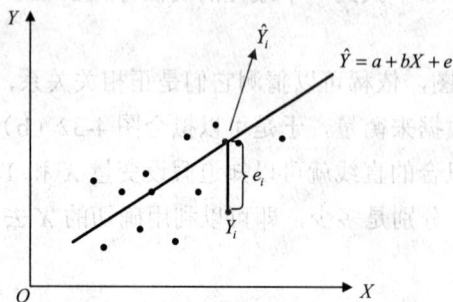

图 4-33   线性回归模型误差

　　如图 4-33 所示，在模型拟合中有两个主要的数列，一个是实际值 $\{Y\}$，一个是拟合值 $\{\hat{Y}\}$，拟合值就是在所选的模型中对于实际值的估计。当自变量 X 固定时，Y_i 与 $\hat{Y}_i$ 的差值就是拟合模型在该点的误差 e_i，在模型中有很多个 X_i 点，同时对应了很多个 e_i，它们的集合就是人们常说的模型误差。集合 $\{e\}$ 越小，模型的拟合优度就越好。当然，在统计分析的过程中，不存在误差为 0 的模型。

（5）模型检验

通过数据分析软件进行分析后，就可以直接得到模型的拟合优度。拟合优度是指回归直线对观测值的拟合程度。度量拟合优度的统计量是可决系数（又称确定系数）（R Square）R^2。R^2 的最大值为 1。R^2 越接近 1，说明回归直线对观测值的拟合程度越好；反之，R^2 越小，说明回归直线对观测值的拟合程度越差。通常 R^2 可以由数据分析软件输出。

知识卡片

模型最直接的作用是将看似杂乱无序的数据利用某一个固定函数和公式表达出来，统计模型在日常生活中有许多应用。

（1）空间模型

空间模型通常在三维问题中展现，通常应用于地理问题研究领域。

（2）时间序列模型

时间序列模型也是统计学中最基础和常用的分析模型之一。例如，为了判定某上市公司股票的走向，利用时间序列进行模型规整，最后进行预测；在研究病理变化时，对某几个主要成分或症状进行定级与量化，就可以发现规律；将商品的销量和时间联系起来，也可以研究该商品在销售过程中是否有季节因素或者时间因素的影响。

（3）聚类分析

聚类分析或聚类是将一组对象分组，分组的方式是使同一组对象（称之为簇）的相似度更高于其他组的对象，也就是利用总体中部分样本的同质性来对数据进行分类。当准备把一个总体分成 5 类，就可以先观察数据分布，然后根据可以利用的变量来对总体进行分类。例如，在一个班级中大约有 50 人，当想要将这个总体（班级）分为 5 类时，可以考虑的分类主变量有成绩、籍贯等。在分类时需要注意的是，同组内的数据性质相似，差别不大，但组和组之间需要有明显的变量差距。

（二）业务要领

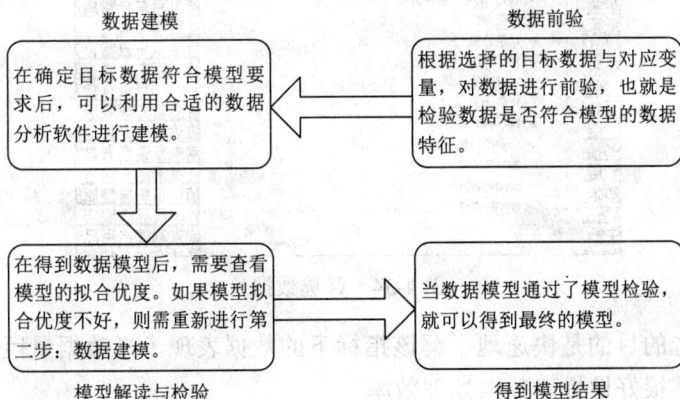

三、训练操作

1. 预检验数据——以关键词"餐巾纸"采集的数据为例

在进行模型拟合之前，需要确定目前的数据是否适合嵌套数据模型，或者说，怎么样才能够让数据有效地进入数据模型进行拟合。这时就需要对数据进行量化与预检验。

（1）进行数据量化转换

在筛选的数据中，并不是所有的商品都具有优惠提示，也不是所有的商品都来自同一家商店。这时，如果想探究店铺类型、优惠提示与销量的关系，应该如何做呢？

知识卡片

生活中最常见的量化过程就是满意度调查，即对某个对象的满意度进行打分，利用数值来表示满意程度，如 100 分是非常满意，0 分是非常不满意等；对于某个课程的学习成效，也可以通过制定量化指标（如考试成绩）来进行评估。量化是一个非常常见的评估手段，经常被应用到计算客户流失和留存的模型中。

可以利用关键词进行量化转换。利用 Excel 中的"筛选"功能，查看各商品对应的评价数是多少，如图 4-34 所示。

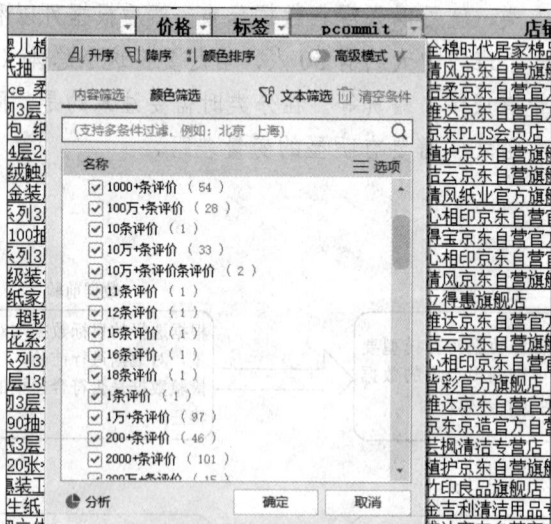

图 4-34　筛选数据

做数据筛选的目的是快速地了解该指标下的数据表现。当数据量巨大时，利用数据筛选功能能够很好地提高数据处理效率。

我们可以发现，评价数的字条中"条评价"与"+条评价"属于无效字段，于是因

变量 Y（评价数）就可以进行文字信息删除。手动删除是一项十分耗费时间和精力的工程，此时可以利用 Excel 中的"替换"功能来实现。删除"条评价"的操作如图 4-35 所示。

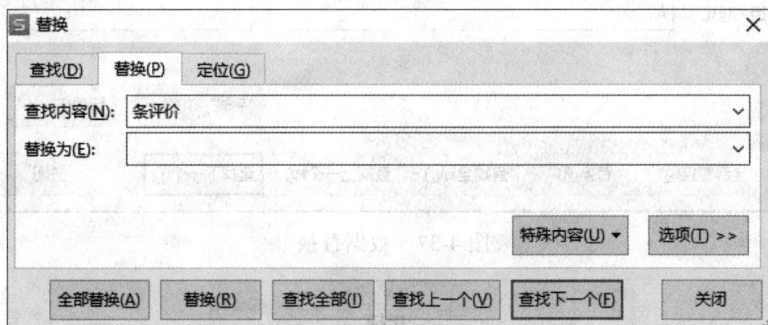

图 4-35　数据替换

可以发现，完成"条评价"替换后仍然有需要删除和替换的字段，如"+"和"万"，对于这两个数据字段处理与之前相同。

最终可以得到如图 4-36 所示的结果。

图 4-36　数据替换后图表

除了因变量需要量化外，其他的指标也需要量化，这时，处理的方法略有不同。例如，"店铺"字段在京东平台有旗舰店、专卖店、专营店、会员店等不同的店铺等级，在无法探究各种类店铺官方性的前提下，将这几类店铺进行分类。考虑到文档中数字类的数据较多，且每家店铺名称各有不同，不能进行一次性替换。为做区分，将旗舰店、专卖店、专营店、会员店分别对应符号 A、B、C、D。同样使用"替换"功能，如图 4-37 所示。

——替换后需检查是否每个单元格都归属于一个字母，然后在图 4-38 的基础上进行数据提取。

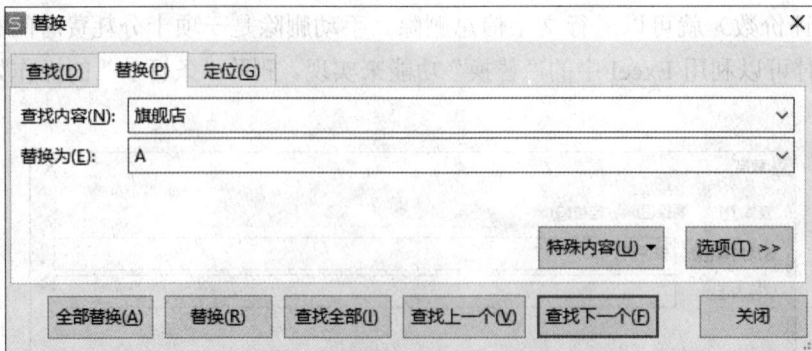

图 4-37　数据替换

图 4-38　店铺数据置换

　　由于平台对于店铺名称的命名要求，不同店铺种类是在名称最后的，于是替换后的 A、B、C、D 也同样在对应单元格的最后。

┌─ 想一想 ───┐

　　每家店的名字各有不同，导致不能做统一的替换，这时候该如何进行有效数据提取呢？

└──┘

　　"RIGHT"函数是进行有效数据提取的重要功能函数，它是针对某一个字符串，从右边开始计数，提取 n 个字符，应用方法如图 4-39 所示。

图 4-39　数据提取

　　同理，"LEFT"函数是从字符串左边开始计数进行数据提取。提取完后就可以获得简洁明了的店铺分类。

练一练

同样地,对于优惠提示的处理也可以利用量化的手段。观察数据表现,试对"优惠提示1"和"优惠提示2"进行数据转换。

提示: 可以对满减或者有明确满减额度的数据进行计算。站在消费者的角度猜测,优惠力度可能会影响消费者购买意愿的强烈程度。可以对不同的优惠力度与方式进行评分,设定没有优惠的商品在此项的得分是10(十折购买商品),其他有优惠的商品在此项的得分即为优惠力度(几折购买商品)。于是可以得到如图 4-40 所示的结果。

店铺类别	优惠提示1	优惠提示2
A	10	10
A	10	10
A	9.75	8
A	9.22	10
C	10	10
A	8.99	10
A	8	10
A	10	8.98
A	8.99	10
A	9	10
A	8	10
A	8.72	10
A	10	10
A	10	10
A	8.99	10

图 4-40　优惠数据转换

（2）确认变量关系

两个变量间一旦存在相关关系,就可以去计算它们间的相关系数。

① 函数法

调用 Excel 中自带的"CORREL"函数后选中目标的数列就能得到两个变量之间的相关系数,如图 4-41 和图 4-42 所示。

图 4-41　选择相关函数

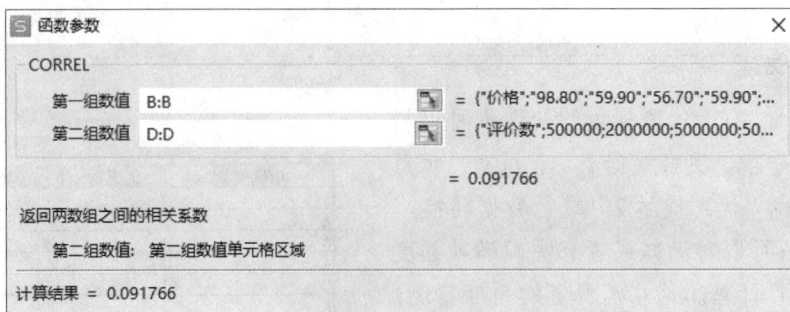

图 4-42　选择需要进行计算的数列

由图 4-42 可知，价格和评价数的相关系数为 0.091 766，但只看这个相关系数无法判定这两个变量之间是否存在显著的相关关系，还需要对之前预选的所有有可能存在相关性的变量逐一计算相关系数，然后进行整理。

② 数据分析工具法

也可以利用 Excel 中的拓展工具箱"数据分析"来进行多个变量之间的相关性检验，首先需要调出该功能。选择"文件"→"选项"命令，在弹出的对话框中单击"加载项"按钮，再单击"转到"按钮，如图 4-43 所示。

操作–加载项调用

图 4-43　选择加载项

在弹出的对话框中选中"分析工具库"复选框，单击"确定"按钮即可，如图 4-44 所示。

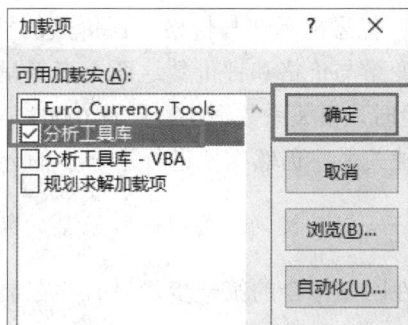

图 4-44　选中分析工具库

调出该工具后，就能在"数据"菜单的功能区中看到"数据分析"这个功能，如图 4-45 所示。

图 4-45　在"数据"菜单的功能区中显示"数据分析"功能

利用 Excel 自带的"相关系数"分析（图 4-46），就可以得到多个变量间一一对应的相关系数表。将需要进行相关系数计算的所有数列都选中，选择好输出区域后单击"确定"按钮即可，如图 4-47 所示。

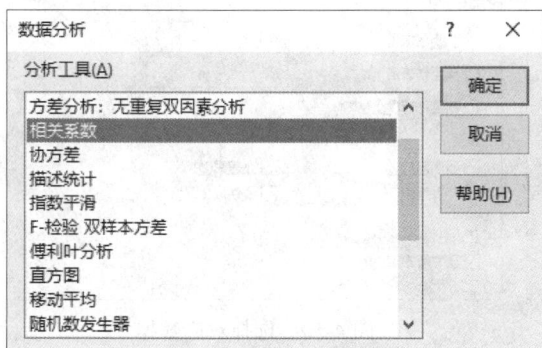

图 4-46　选择相关系数

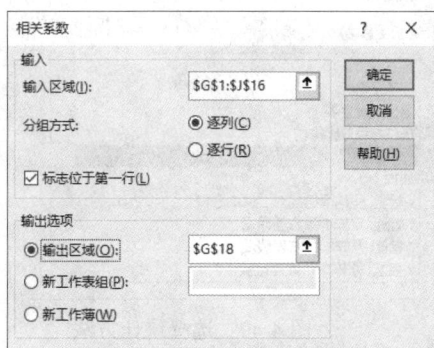

图 4-47　设置输入和输出区域

可以根据输出的表格查看各变量之间的相关系数，如图 4-48 所示。

	优惠提示1	优惠提示2	价格	评价数
优惠提示1	1			
优惠提示2	-0.27919	1		
价格	0.003742	-0.06893	1	
评价数	-0.14189	-0.21847	0.191793	1

图 4-48　相关系数输出表

从图 4-48 中可以知道，优惠提示 2 与价格和评价数的相关系数为负，一定程度上可以猜测优惠提示 2 这个变量与价格和评价数这两个变量呈负相关；价格和优惠提示 1 在进行多变量相关性检验时，相关系数很小，只有 0.003 742，呈弱相关或者不相关。多个变量之间到底存在何种关系，仍然需要进行下一步的分析和检验。

2. 建立线性回归模型——以关键词"餐巾纸"采集的数据为例

相关性检验是进行线性回归拟合的第一步，只有存在显著相关关系的变量间才能进行线性回归。

（1）生成线性回归模型

在利用数据分析工具进行模型生成时，只需要调用"数据分析"工具即可。在"数据分析"对话框中选中"回归"，单击"确定"按钮，如图 4-49 所示。在弹出的对话框中设置输入和输出区域，勾选"标志"复选框，单击"确定"按钮（图 4-50）即可得到如图 4-51 所示的结果。

操作-建模

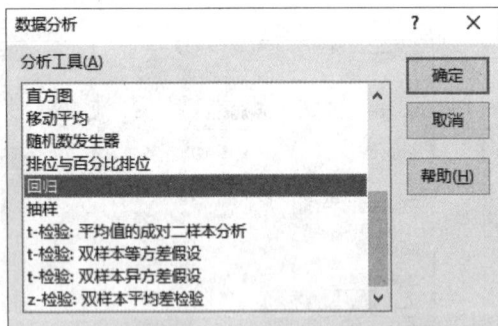

图 4-49　选择统计方法　　　　　　　　图 4-50　选择对应数据

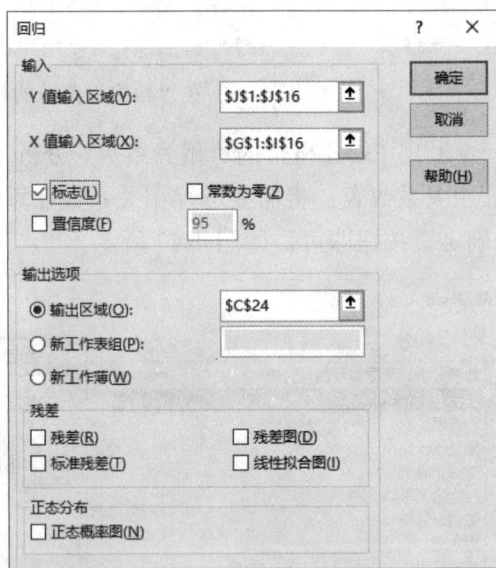

SUMMARY OUTPUT	
回归统计	
Multiple	0.350086284
R Square	0.122560406
Adjusted	-0.116741301
标准误差	2247820.991
观测值	15

（a）回归统计

图 4-51　回归模型结果表

方差分析					
	df	SS	MS	F	ignificance F
回归分析	3	7.76335E+12	2.58778E+12	0.512158512	0.68215118
残差	11	5.55797E+13	5.0527E+12		
总计	14	6.3343E+13			

（b）方差分析

	Coefficients	标准误差	t Stat	P-value	Lower 95%	Upper 95%	下限 95.0%	上限 95.0%
Intercept	17302524.9	15460669.56	1.119131668	0.286926673	-16726179	51331229.16	-16726179.4	51331229.16
优惠提示1	-642078.6423	869991.357	-0.73802876	0.47594753	-2556916.7	1272759.424	-2556916.71	1272759.424
优惠提示2	-1009632.943	1114689.953	-0.90575226	0.384477331	-3463049	1443783.102	-3463048.99	1443783.102
价格	15633.82652	25411.68768	0.61522189	0.550923761	-40296.921	71564.57399	-40296.921	71564.57399

（c）系数结果

图 4-51（续）

（2）呈现回归模型结果

在完成线性回归模型建立后，还需要解读数据表格，最终的目的是确定线性回归方程中的未知参数，也就是 $Y=a+bX+e$ 中的 a 和 b。不管是在 Excel 还是在其他软件中，模型一旦拟合，输出的表单都不仅仅只有一张，接下来就来认识一下模型输出表。

在图 4-51（a）中，只需要关注第二行，有关于可决系数 R^2 的大小。可决系数可以代表模型的拟合优度，当可决系数 R^2 接近 0 时，说明模型的拟合优度并不好，但此时仍然需要关注模型的具体形态。

图 4-51（c）中有两个关键词"Coefficients"（系数）和"Intercept"（截距），系数列所对应的数字就是各个参数在模型中的系数值，截距项所对应的数字就是回归模型中存在的常数项的值，也就是 $Y=a+bX+e$ 中的 a。可以根据输出表格的结果整理最终的线性回归模型，在这里，如果将优惠提示 1、优惠提示 2 和价格都作为可能影响评价数的影响因子，最终的模型为

评价数=17 302 524.9-642 078.642 3×优惠提示 1-1 009 632.943×优惠提示 2
　　　　+15 633.826 52×价格

但整体看来，R^2 表示这个模型的拟合优度不是很理想，所以需要尝试更多的模型搭配，如将某个变量剔除。

━━ 试一试

自己动手试一试，看看哪个模型组合的拟合优度更好。

Excel 中的模型拟合是直接将所有变量参与进去的拟合方式，但在现实生活中，为了提高模型精度需要筛选对因变量描述度更高的影响因子，也就是进一步确定最终的模型中是否需要出现所有的相关变量，可以在之前的基础上利用 SPSS 完成逐步回归。

知识卡片

逐步回归分析方法的基本思路是自动从大量可供选择的变量中选取最重要的变量，

建立回归分析的预测或者解释模型。基本思想是：将自变量逐个引入，引入的条件是其偏回归平方和经检验后是显著的。同时，每引入一个新的自变量后，都要对旧的自变量逐个进行检验，剔除偏回归平方和不显著的自变量。这样一直边引入边剔除，直到既无新变量引入也无旧变量删除为止。它的实质是建立最优的多元线性回归方程。所以在进行无限次迭代和检验的过程中，即使之前的相关性检验没有做完全，数据分析软件也可以在众多的影响变量中提取出最优的组合。

首先打开 SPSS 软件输入数据，之后选择"Analyze"（分析）→"Regression"（回归）→"Linear"（线性回归）命令，如图 4-52 所示。在弹出的对话框中选择对应的因变量和自变量，将线性回归的方式改为"Stepwise"（逐步），如图 4-53 所示，就可以获得一个回归模型的结果，如图 4-54 所示。输出结果表的解读与利用 Excel 得出的结果解读是一样的。

不同的是，在进行逐步回归后，SPSS 输出的模型就是通过多次迭代计算后的最优解，可以直接提取线性回归方程。但在进行多元回归模型拟合时，需要格外注意各个自变量间是否有内在的相关性，避免模型出现额外的误差。如果自变量间存在相关关系，则出现了"多重共线性"，需要通过统计处理手段将这类问题弱化。

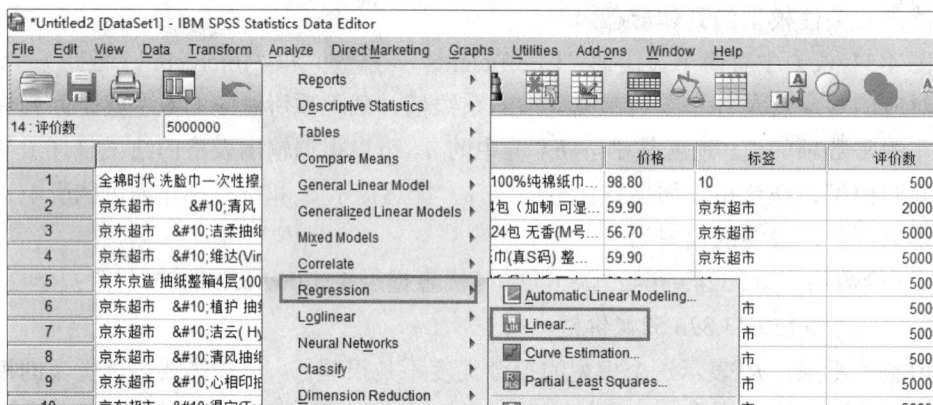

图 4-52　选择线性回归命令

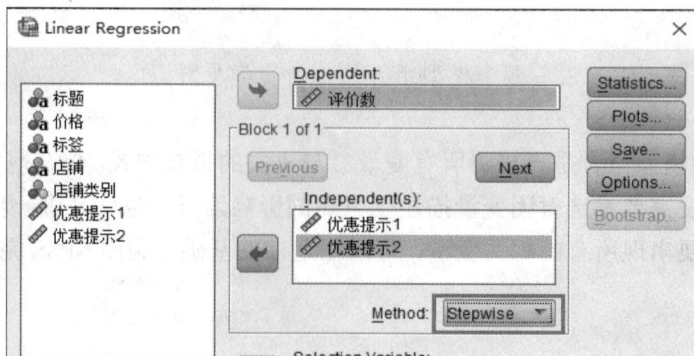

图 4-53　选择因变量和自变量

Model Summary

Model	R	R Square	Adjusted R Square	Std. Error of the Estimate
1	.304[a]	.092	-.059	2188837.738

a. Predictors: (Constant), 优惠提示2, 优惠提示1

Coefficients[a]

Model		Unstandardized Coefficients		Standardized Coefficients	t	Sig.
		B	Std. Error	Beta		
1	(Constant)	18694976.53	14892784.17		1.255	.233
	优惠提示1	-650740.975	847051.663	-.220	-.768	.457
	优惠提示2	-1058117.863	1082724.078	-.280	-.977	.348

a. Dependent Variable: 评价数

图 4-54　输出结果表

📖 **知识卡片**

多重共线性也是需要注意的一个可能产生误差的性质。回归中的多重共线性是一个当模型中一些预测变量（自变量）与其他预测变量（自变量）相关时发生的条件。严重的多重共线性可能会产生问题，因为它可以增大回归系数的方差，使它们变得不稳定。以下是不稳定系数导致的一些后果：

➤ 即使预测变量（自变量 B、C、D）和因变量 A 之间存在显著关系，系数也可能看起来并不显著。

➤ 高度相关的预测变量（自变量 B、C、D）的系数在样本之间差异很大。

➤ 从模型中去除任何高度相关的项都将大幅影响其他高度相关项的估计系数。高度相关项的系数甚至会包含错误的符号。

要度量多重共线性，可以检查预测变量的相关性结构，也就是需要保证自变量 B、C、D 之间不存在显著的相关性。

当发现模型中的变量出现了多重共线性时，需要再次判定是否只有这一种变量组合方式。如果是，则可以考虑选用"逐步回归"的方法，利用软件来分析数据；手动进行变量组合和变形也是一种可以考虑的处理方法，可以利用变量性质与内部相关性，对有相关性的变量进行组合或者变形，然后用这个整合后的"新变量"代入目标的回归方程。

项目五 物流数据分析

项目情景

　　物流业是融合运输、仓储、货代、信息等产业的复合型服务业，是支撑国民经济发展的基础性、战略性产业。加快发展现代物流业，对于促进产业结构调整、转变发展方式、提高国民经济竞争力和建设生态文明具有重要意义。发改委及相关部门需要对近年来物流行业的发展状态做整体分析，并预测未来物流行业的发展趋势，以便拟定未来几年的物流发展规划目标，指导我国物流业高质量发展，促进实体经济降本增效，实现供应链协同电商等行业的耦合发展与转型升级。那么，该如何开展这项统计分析工作？需要做哪方面的分析？运用哪些统计方法进行行业预测及产业间协调性分析？最终的结论和指导意见又该如何呈现？

项目目标

　　◆　知识目标

1. 理解并掌握行业指标和数据的获取；
2. 理解时间序列指标含义并掌握其计算方法。

　　◆　技能目标

1. 能够采集物流相关的指标数据；
2. 能够应用时间序列的移动平均与指数平滑进行数据预测；
3. 掌握行业耦合协调度模型应用；
4. 能够撰写统计分析报告。

　　◆　素养目标

1. 感受我国物流行业的快速发展；
2. 树立数据分析工作的严谨意识。

知识导图

```
                              ┌─ 物流数据获取渠道
            ┌─ 物流数据采集 ──┤
            │                 └─ 物流分析常用指标
            │
            │                 ┌─ 物流数据汇总
            ├─ 物流数据整理 ──┤
            │                 └─ 物流数据处理
物流数据分析 ┤
            │                     ┌─ 时间序列分析
            ├─ 物流数据分析与呈现 ─┤
            │                     └─ 耦合协调度分析
            │
            │                     ┌─ 统计分析报告的基本内容
            └─ 物流统计分析报告撰写 ┤
                                  └─ 统计分析报告的撰写
```

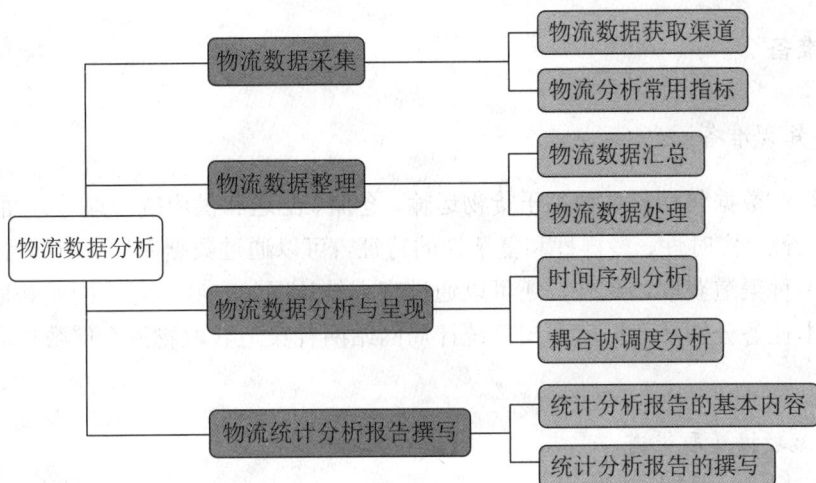

任务一　物流数据采集

一、任务情景

（一）任务背景

某部门统计机构统计人员要完成对物流行业的整体分析，进一步明确发展目标。首先需要总结回顾过去几年来我国物流业的总体发展情况，所以在开展物流行业分析前需要采集近年来的物流行业宏观数据。物流行业宏观数据对经济和商业决策具有重要的意义，这些数据提供了关于整个物流行业状况的综合视图，对于制定战略、政策和投资决策有指导作用。

（二）任务布置

本任务选择物流行业作为研究对象，描述物流行业近年来随时间发生的变化。为了描述这种社会经济现象的发展过程，需要学习相关的物流行业常用统计指标，了解指标数据的获取渠道。

1. 任务思考

（1）可以通过哪些渠道获得物流相关的最新数据？
（2）物流行业有哪些宏观指标？

2. 实验操作

（1）获取物流行业数据。
（2）获取企业仓储管理数据。

二、工作准备

（一）知识准备

物流行业数据包括一系列关于货物运输、仓储、配送和供应链管理等方面的信息，具有多层次性、实时性、多样性和复杂性的特征，可以通过数据库、供应链管理系统、互联网等多种渠道获取。此外，还可以通过官方统计网站、物流行业网站获取宏观行业数据。本任务分别从数据库和国家统计局网站两种渠道获取物流仓储数据和物流发展数据。

1. 物流数据获取渠道

（1）企业内部数据库

数据库指的是以一定的方式存储在计算机内，能为许多用户共享，有组织，统一管理的相关数据的集合。正是因为有了数据库，才可以直接查找数据。例如，用户使用余额宝查看自己的账户收益，就是平台从数据库中读取数据后呈现给用户的。数据库可以存放大量的数据，允许很多人同时使用里面的数据，这就好比本地文件 Excel 表和腾讯在线文档 Excel 表，数据库就是后者，很多人可以同时访问里面的数据，而且其数据存储量比单个 Excel 文件大得多。

用来管理数据库的计算机软件叫作数据库管理系统，它的功能包括增、删、改、查等数据操作功能和载入、转换、存储等数据库维护功能。常用的关系数据库管理系统有 MySQL、Orcale、SQL Server。

内部数据通常是企业内部数据库管理系统中的数据，如库存管理系统、人事薪酬信息库、店铺销售数据、客户关系管理系统等，用以记录企业在市场营销和销售等日常经营活动中产生的各类数据，提供数据模型，为后期的分析和决策提供支持。通常内部数据是围绕企业运行产生的，具有保密性，一般无法获取。

（2）外部网站

外部数据是通过购买、爬取、网站查询等手段获取的数据。一般可以通过前瞻数据库、Wind 数据库等专业平台购买数据，这类数据都已经过整理汇总，可以省去数据清洗的步骤。爬取数据可以通过 Python、八爪鱼等专业软件进行，但容易产生侵权和访问受限的问题。最常用的渠道是采集在国家统计局网站、行业协会网站等官方平台上公开的互联网数据，如图 5-1 所示。物流业相关的行业协会官方网站有中国物流与采购联合会网（http://www.chinawuliu.com.cn/）、中国物流信息中心网（http://www.clic.org.cn/）等，这些数据真实性高且易于获取。

2. 物流分析常用指标

物流行业指标是指反映物流企业运营状态和发展趋势的各项数据指标，通常包括

数据获取渠道

物流业务量、运输效率、运输成本等方面的数据。各种物流企业都需要对这些指标进行分析和评估，以了解自身运营情况，制定应对策略。

图 5-1 网站数据

（1）仓储利用率

仓储利用率是一个用于衡量仓库存储空间利用效率的指标。该指标通常是通过比较实际仓库存储容量与实际存储的货物量之间的关系来计算的。它可以帮助企业评估其仓库空间的有效性，以便更好地规划、管理和优化存储资源。

仓储利用率的计算公式为

$$仓储利用率 = \frac{实际仓库存储容量}{实际存储的货物量} \times 100\%$$

（2）库存周转率

库存周转率是在某一时间段内库存货物周转的次数，是反映库存周转快慢程度的指标。

库存周转率的相关计算公式为

$$库存周转率 = \frac{360}{库存周转天数} \times 100\%$$

其中，

$$库存周转天数 = \frac{时间段 \times (期初库存数量 + 期末库存数量)}{2 \times 时间段销售量}$$

周转率越大表明销售情况越好。在商品保质期及资金允许的条件下，可以适当增加库存控制目标天数，以保证合理的库存；反之，则可以适当减少库存控制目标天数。

（3）运价指数

运价指数是衡量运输成本变化的指标，它可以帮助企业和政府了解运输市场的供求关系及价格变动趋势，从而制定合理的运输政策和经营策略。

运价指数的计算公式为

$$运价指数 = \frac{运输成本指数}{基期运输成本指数} \times 100\%$$

式中，运输成本指数表示某一时期的运输成本与基期运输成本的比值；基期运输成本指数一般选取某个特定时期的运输成本作为基准，通常是 100。通过运价指数的计算，可以比较不同时期的运输成本变化情况。

运价指数的计算方法可以根据具体情况选择不同的变量和权重，以反映不同运输方式、货物类型和地区的运输成本变化情况。在实际应用中，可以选择运输费用、燃油成本、人工成本等作为计算指标，根据不同因素的重要性确定各项指标的权重。

（二）业务要领

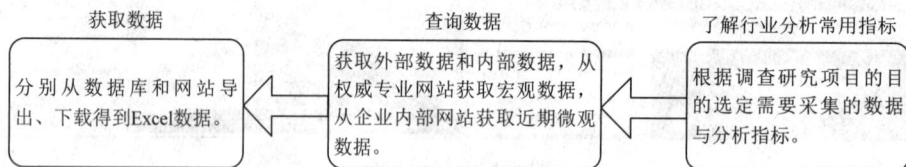

获取数据	查询数据	了解行业分析常用指标
分别从数据库和网站导出、下载得到Excel数据。	获取外部数据和内部数据，从权威专业网站获取宏观数据，从企业内部网站获取近期微观数据。	根据调查研究项目的目的选定需要采集的数据与分析指标。

三、训练操作

1. 选择行业分析常用指标

要对整个物流行业进行分析，需要选取既能代表总体宏观水平又较易获取的指标数据进行采集，可以参考行业网站提供的指标或者行业报告分析的指标进行选择，如图 5-2 所示。

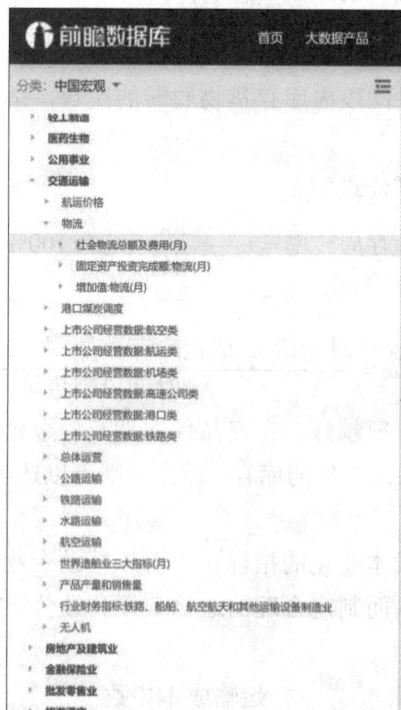

图 5-2　物流行业指标数据

2. 通过公开网站获取物流行业数据

通过权威网站访问物流相关数据，以国家统计局官网为例，操作如下。

第一步：打开国家统计局官方网站 http://www.stats.gov.cn/，如图 5-3 所示。

图 5-3　国家统计局官方网站

第二步：在首页下拉，单击"数据查询"按钮，如图 5-4 所示。

图 5-4　国家数据

第三步：选择"年度数据"→"运输和邮电"命令，得到物流相关行业数据，如图 5-5 所示，可选中需要的指标按"📥"按钮导出 Excel 文件，也可运用网站自带的可视化工具获得图表，如图 5-6 所示。

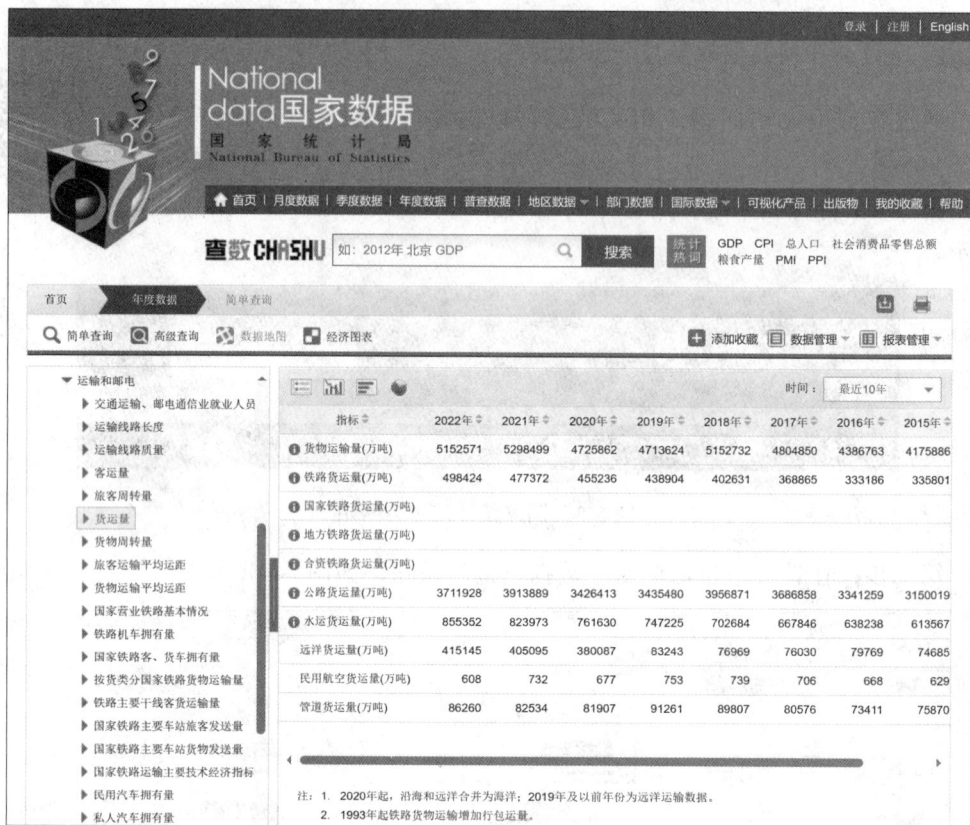

图 5-5　货运量相关数据

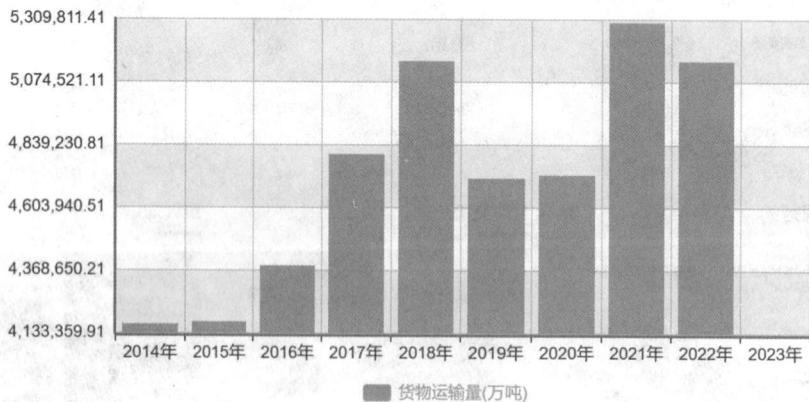

■ 货物运输量(万吨)

图 5-6　2014—2023 年货物运输量条形图

练一练

根据操作演示，从国家统计局官方网站上采集物流业增加值指标、物流总费用指标和国内生产总值指标数据。

3. 通过企业内部数据库获取物流相关信息

物流相关企业内部数据库主要为仓库管理，包括采购管理、出入库管理、物品库存、供应商管理、客户管理、报表管理几个模块。以模拟库存系统为例，熟悉并应用数据库。具体操作步骤如下。

第一步：下载仓库管理系统，打开软件并登录。登录后的页面如图 5-7 所示。

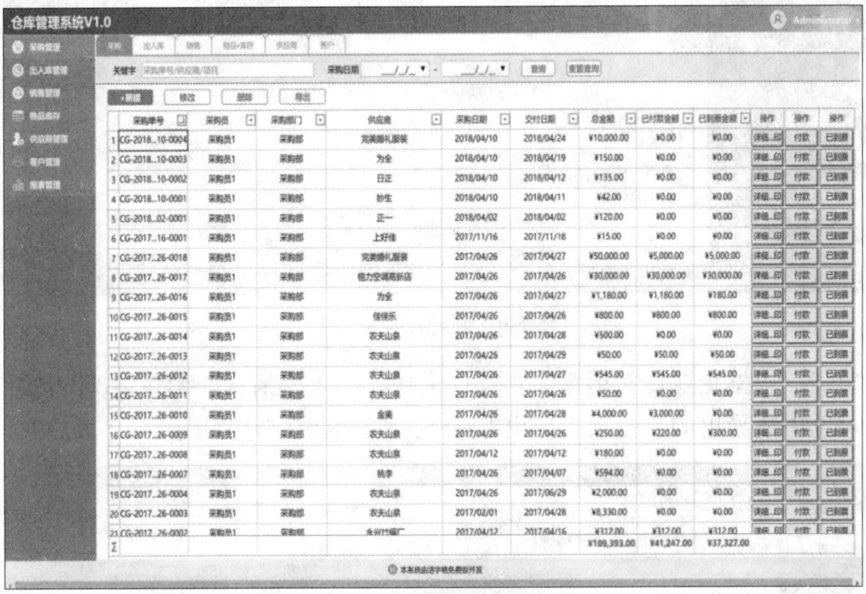

图 5-7　仓库管理系统界面

第二步：在采购原材料产品后，可在"采购管理"中单击"新建"按钮，新建一个采购订单。在弹出的对话框中填写采购订单，完成采购信息登记，如图 5-8 所示。

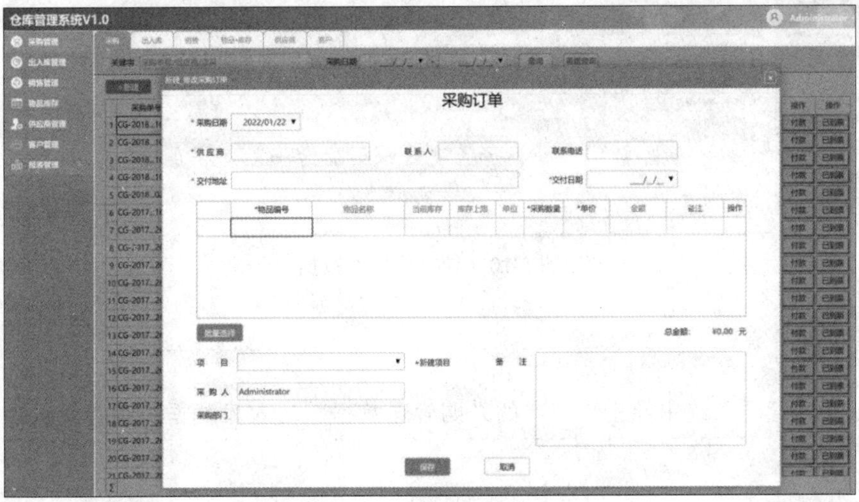

图 5-8　新建采购订单

第三步：同理，也可进行出入库信息登记（图 5-9）、销售与库存数据的更新。

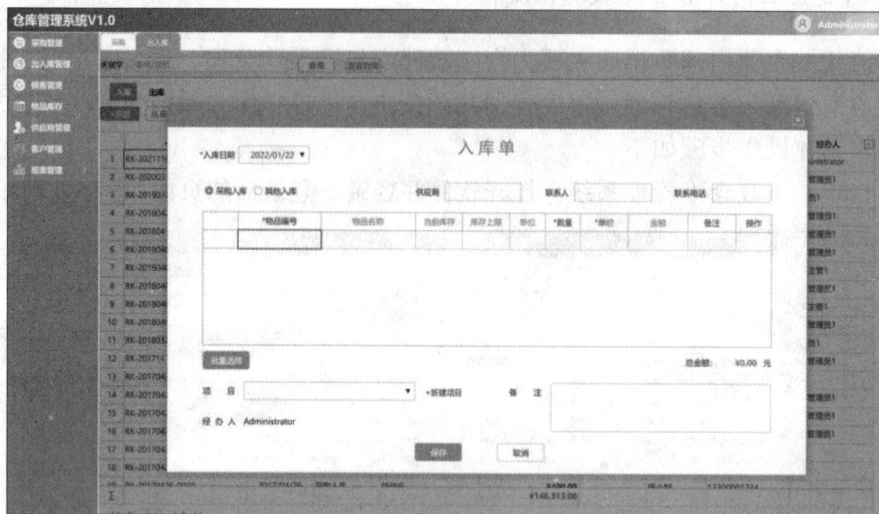

图 5-9　新建产品入库单

第四步：根据企业日常运营如实登记采购、出入库情况、销售情况与物品库存，需要时可选中要导出的数据项，导出 Excel 文件，如图 5-10 所示。

图 5-10　导出数据库数据

练一练

从仓库管理系统中导出近一年的采购管理数据、出入库数据和销售管理数据。

任务二 物流数据整理

一、任务情景

（一）任务背景

制定新的物流计划，需要总结回顾过去几年我国物流业的总体发展情况，看看是否实现了原定计划的"总收入保持增长，物流运行实现提质增效，单位成本缓中趋稳"等发展规划目标，考虑计划完成情况，并将现阶段发展指标与历史指标进行对比，全面掌握当前发展现状。这些都离不开对采集数据的整理与展现。

（二）任务布置

获取的原始数据通常都不完整，无法直接进行数据挖掘，或挖掘结果不尽如人意。为了提高统计数据分析的质量，先要进行数据预处理，即在对所收集的数据进行分类或分组前需要做审核、筛选、排序等必要的处理；然后对数据进行整理计算，得到发展趋势相关的指标数值。社会经济现象的发展趋势描述常常通过时间序列来体现，学习时间序列指标可以更好地展现数据的动态信息。

1. 任务思考

（1）可以从哪些方面评估物流行业的发展现状？
（2）怎样分析一个行业的发展趋势？

2. 实验操作

（1）完成数据汇总。
（2）计算物流行业发展的时间序列指数并进行可视化。

二、工作准备

（一）知识准备

采集整理完物流行业的宏观数据，如物流业总产值、物流业增加值和物流总费用等，就要对我国物流行业发展现状进行分析。发展现状分析除了行业间的横向比较，还需要结合时间维度上的纵向比较，全面刻画物流行业的现状和发展趋势。可以选取近十年的物流业经济增长值累计值，通过时间序列水平指标和速度指标来判断物流行业的发展水平和发展趋势。

1. 物流数据汇总

数据汇总是一个将原始数据简化为其主要成分或特征的过程，即通过对大量数据进行收集、整理和归纳，将分散、孤立的数据整合起来，形成一个清晰、易于理解和分析的数据集合，使其更容易理解、可视化和分析。数据汇总在各个领域中都有广泛的应用，如商业分析、市场营销、金融投资、医疗保健、政府决策等。

数据汇总有许多实用技巧，如快捷键汇总法、菜单汇总法、透视表汇总法、函数汇总法等。其中数据透视表是 Excel 中强大的分类汇总工具，可以快速实现多维度的数据分类和汇总。

数据透视表是一种交互式的表，可以进行某些计算，如求和与计数等。数据透视表的功能非常强大，包括合并汇总表、处理不规范数据、制作动态交互图表、代替复杂公式等，它所进行的计算与数据跟数据透视表中的排列有关。之所以称为数据透视表，是因为它可以动态地改变数据的版面布置，以便按照不同方式分析数据，也可以重新安排行号、列标和页字段。每一次改变版面布置时，数据透视表会立即按照新的布置重新计算数据。另外，如果原始数据发生更改，数据透视表也会相应进行更新。

2. 物流数据处理

（1）时间序列概述

① 时间序列的概念

世界上的任何事物都不是静止不变的，经济现象也不例外。统计不仅要从静态方面研究社会经济现象的数量特征和数量关系，而且要从动态方面分析研究社会经济现象的变化趋势及发展变化的规律性。时间序列又称动态数列，是指将某一统计指标在不同时间上的数值，按时间的先后顺序排列所形成的数列，如表 5-1 所示。

动态数列的概念与种类

表 5-1　2016—2020 年我国国民经济主要指标

年份	2020	2019	2018	2017	2016
国内生产总值/亿元	1 006 363.3	983 751.2	915 243.5	830 945.7	742 694.1
年末人口总数/万人	141 212	141 008	140 541	140 011	139 232
人口自然增长率/‰	1.45	3.32	3.78	5.58	6.53
人均国内生产总值/（元/人）	71 828	70 078	65 534	59 592	53 783

资料来源：2021 年中国统计年鉴。

由表 5-1 可见，时间序列由两个基本要素构成：一个是客观现象所属的时间，另一个是反映客观现象在不同时间上的指标数值。

② 时间序列的作用

第一，可以反映客观现象在不同时间上的规模和水平。

第二，可以反映客观现象发展变化的过程和趋势。

第三，可以用于探索某些客观现象发展变化的规律。

第四，可以根据客观现象发展变化的规律建立数学模型，预测未来。

③ 时间序列的种类

时间序列按其所排列的统计指标的数值表现形式不同，可以分为绝对数时间序列、相对数时间序列和平均数时间序列三种。其中，绝对数时间序列是基本数列，相对数时间序列和平均数时间序列是派生数列。

绝对数时间序列是指将某一总量指标在不同时间上的数值，按照时间的先后顺序排列而成的数列。例如，表 5-1 中的国内生产总值、年末人口总数数列就是绝对数时间序列。绝对数时间序列可以反映客观现象在不同时间上的规模和水平及其发展变化的趋势。

相对数时间序列是指将某一相对指标在不同时间上的数值，按照时间的先后顺序排列而成的数列。例如，表 5-1 中的人口自然增长率数列就是相对数时间序列。相对数时间序列可以反映客观现象之间相互关系的发展过程及其变动趋势。应当注意的是，相对数时间序列中各个指标的数值是不能相加的。

平均数时间序列是指将某一平均指标在不同时间上的数值，按照时间的先后顺序排列而成的数列。例如，近几年的人均居住面积时间序列就是平均数时间序列。平均数时间序列可以反映客观现象一般水平的发展过程及其变动趋势。在平均数时间序列中，各个指标的数值也是不能相加的。

（2）时间序列的水平指标

① 发展水平

发展水平就是时间数列中的各个指标数值，它反映客观现象发展变化实际达到的规模和水平，是计算其他时间序列分析指标的基础。发展水平按其具体表现形式不同，可以分为绝对数发展水平、相对数发展水平和平均数发展水平。其中绝对数发展水平是最基本的发展水平。

一般来讲，时间序列的第一项指标数值称为最初水平，最后一项指标数值称为最末水平，其余各项指标数值称为中间水平。在进行动态对比分析时，作为对比基础的那一时期的水平称为基期水平，所要分析研究的那一时期的水平称为报告期水平或计算期水平，如表 5-2 所示。

动态数列水平指标1

表 5-2 指标称谓

月份	7	8	9	10	11	12
销售额/万元	3000	4050	4030	4060	4090	4098
称谓	最初水平、基期水平	中间水平	中间水平	中间水平	中间水平	最末水平、报告期水平

② 平均发展水平

平均发展水平是将时间数列各期发展水平加以平均而得到的平均数，统计上也称为序时平均数或动态平均数。它说明客观现象在一段时间内发展的一般水平。

由于时间序列的种类不同，序时平均数的计算方法也不同，但根据绝对数时间序列计算序时平均数是最基本的方法。

a. 由绝对数时间序列计算序时平均数

➤ 根据时期序列计算。时期序列中各指标数值可以相加，故计算序时平均数可采用简单算术平均法。计算公式为

$$\overline{a} = \frac{a_1 + a_2 + a_3 + \cdots + a_n}{n} = \frac{\sum a}{n}$$

式中，$\overline{a}$ 表示序时平均数；a 表示各期发展水平；n 表示时间序列的项数。

➤ 根据时点序列计算。时点序列中的各指标数值是在某个瞬间时点上取得的，由于各指标数值的时间间隔长短有所不同，序时平均数通常采用不同的计算方法。

对于以"天"为统计间隔的时点序列，序时平均数可用简单算术平均法计算。

对于统计时点间隔在一天以上的时点序列，计算序时平均数应先求出两个相邻指标值的平均数，然后以时间间隔长度作为权数进行加权平均求得。计算公式为

$$\overline{a} = \frac{\left(\frac{a_1 + a_2}{2}\right) \times f_1 + \left(\frac{a_2 + a_3}{2}\right) \times f_2 + \cdots + \left(\frac{a_{n-1} + a_n}{2}\right) \times f_{n-1}}{f_1 + f_2 + \cdots + f_{n-1}}$$

当各时点指标数值的时间间隔相等时，即 $f_1 = f_2 = \cdots = f_{n-1}$，上式可演化为

$$\overline{a} = \frac{\frac{a_1}{2} + a_2 + a_3 + \cdots + a_{n-1} + \frac{a_n}{2}}{n-1}$$

式中，$n-1$ 表示时间序列的项数减去 1。这种方法可称为首末折半法。

b. 由相对数时间序列计算序时平均数

相对数通常是由两个绝对数对比形成的，即相对数 $c = \frac{a}{b}$。计算序时平均数时，应先分别求出构成相对数时间序列的分子数列和分母数列的序时平均数，然后进行对比，其结果就是相对数时间序列的序时平均数。计算公式为

$$\overline{c} = \frac{\overline{a}}{\overline{b}}$$

式中，$\overline{c}$ 表示由相对数时间序列计算的序时平均数；$\overline{a}$ 表示分子数列的序时平均数；$\overline{b}$ 表示分母数列的序时平均数。

$\overline{a}$ 和 $\overline{b}$ 可按绝对数时间序列序时平均数的计算方法求得。

动态数列水平指标 2

③ 增长量

增长量是时间序列中发展水平在一定时间内增长的绝对数量。它是报告期水平与

基期水平之差，即

$$增长量 = 报告期水平 - 基期水平$$

增长量可正可负，正值为增加量，负值为减少量。

由于采用的基期不同，增长量又可分为累计增长量和逐期增长量。

累计增长量是报告期水平与某一固定基期水平之差，说明报告期水平较固定基期水平增加或减少的数量。设时间序列各个时期的发展水平为 $a_0, a_1, a_2, \cdots, a_n$，则相应各期的累计增长量为 $a_1 - a_0, a_2 - a_0, \cdots, a_n - a_0$。

逐期增长量是报告期水平与前一期水平之差，说明报告期水平较前一期水平增加或减少的数量。仍用上述符号表示各期水平，则相应各期的逐期增长量为 $a_1 - a_0$，$a_2 - a_1, \cdots, a_n - a_{n-1}$。

累计增长量和逐期增长量的关系：累计增长量等于相应的各个逐期增长量之和，两个相邻的累计增长量之差等于相应的逐期增长量。用公式表示为

$$a_n - a_0 = (a_1 - a_0) + (a_2 - a_1) + (a_3 - a_2) + \cdots + (a_n - a_{n-1})$$
$$(a_n - a_0) - (a_{n-1} - a_0) = a_n - a_{n-1}$$

④ 平均增长量

平均增长量是各逐期增长量的序时平均数，说明客观现象在一段时间内平均每期增长的数量。由于逐期增长量之和等于累计增长量，所以

$$平均增长量 = \frac{逐期增长量之和}{逐期增长量个数} = \frac{累计增长量}{时期数列项数 - 1}$$

（3）时间序列的速度指标

① 发展速度

发展速度是以相对数形式表现的动态分析指标，它是两个不同时期发展水平对比的结果，用来说明报告期水平是基期水平的百分之几或若干倍。发展速度根据计算时采用的基期不同，可以分为定基发展速度和环比发展速度。

动态数列速度指标

定基发展速度是报告期水平与某一固定时期水平（通常是最初水平）之比，说明客观现象在一段较长时间内总的发展变动程度，所以也称"总速度"。计算公式为

$$\frac{a_1}{a_0}, \frac{a_2}{a_0}, \frac{a_3}{a_0}, \cdots, \frac{a_n}{a_0}$$

环比发展速度是报告期水平与前一期水平之比，说明客观现象报告期水平比前一期水平发展变动的程度。计算公式为

$$\frac{a_1}{a_0}, \frac{a_2}{a_1}, \frac{a_3}{a_2}, \cdots, \frac{a_n}{a_{n-1}}$$

在实际工作中，为了消除季节变动的影响，需要计算年距发展速度指标，它是本期发展水平与上年同期发展水平之比，说明本期比去年同期相对发展的程度。计算公

式为

$$年距发展速度 = \frac{本期发展水平}{去年同期发展水平}$$

②　增长速度

增长速度是增长量与基期水平之比,用来说明客观现象报告期水平比基期水平增长了几倍或百分之几。计算公式为

$$增长速度 = \frac{增长量}{基期水平} = \frac{报告期水平 - 基期水平}{基期水平} = 发展速度 - 1$$

由于增长速度等于发展速度减1(或100%),所以当发展速度大于1(或100%)时,增长速度为正值,表明客观现象的增长程度;当发展速度小于1(或100%)时,增长速度为负值,表明客观现象的降低程度。

根据采用的基期不同,增长速度可分为定基增长速度和环比增长速度。

定基增长速度是报告期累计增长量与固定基期水平之比,说明客观现象报告期水平较固定基期水平增长的相对程度,是客观现象较长时期内总的增长速度。

$$定基增长速度 = \frac{报告期累计增长量}{固定基期水平} = \frac{报告期水平 - 固定基期水平}{固定基期水平} = 定基发展速度 - 1$$

环比增长速度是报告期的逐期增长量与前一期增长水平之比,说明客观现象的报告期水平较前一期水平增长的相对程度,是客观现象逐期增长的速度。

$$环比增长速度 = \frac{报告期逐期增长量}{前一期水平} = \frac{报告期水平 - 前一期水平}{前一期水平} = 环比发展速度 - 1$$

③　平均发展速度和平均增长速度

平均发展速度和平均增长速度统称为平均速度。其中,平均发展速度是各期环比发展速度的平均数,用来表明客观现象在一段时期内逐期发展的平均速度;平均增长速度是各期环比增长速度的平均数,用来表明客观现象在一段时期内逐期增长的平均速度。

平均速度指标是十分重要并得到广泛应用的动态分析指标,它可以表明客观现象在一个较长时期内发展变化的一般情况,也可以利用它对不同历史时期发展变化程度进行比较,或对不同地区、不同国家的发展状况进行比较。此外,还可以利用平均发展速度推算未来发展水平。

平均发展速度和平均增长速度的关系是:

$$平均增长速度 = 平均发展速度 - 1$$

平均发展速度总是正值,而平均增长速度则既可为正值,也可为负值,正值表明客观现象在一定发展阶段内逐期平均递增的程度,负值表明客观现象在一定发展阶段内逐期平均递减的程度。

（二）业务要领

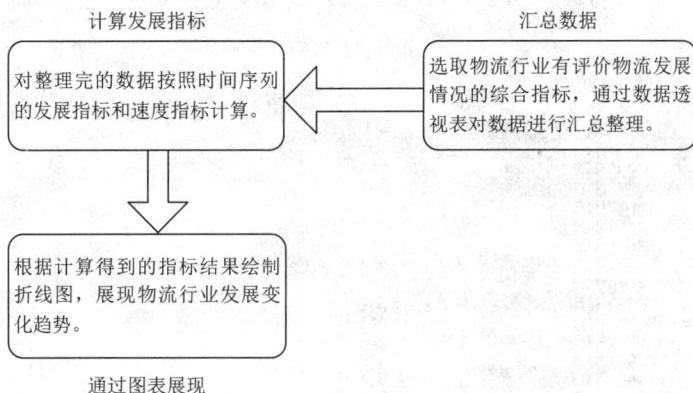

计算发展指标 | 汇总数据

对整理完的数据按照时间序列的发展指标和速度指标计算。

选取物流行业有评价物流发展情况的综合指标，通过数据透视表对数据进行汇总整理。

根据计算得到的指标结果绘制折线图，展现物流行业发展变化趋势。

通过图表展现

三、训练操作

1. 数据汇总

获取的原始数据通常都不完整，为了提高统计数据分析的质量，先要进行数据预处理，主要包括对缺失数据、重复数据、错误数据的处理，项目二和项目三的任务一已介绍过相应操作步骤。在对数据进行预处理后，可根据分析需求引用数据透视表等工具对其进行进一步汇总整理。以近 18 年全国物流业经济总额为例，操作如下。

第一步：单击任意一个含有数据的单元格，同时按住"Ctrl"和"T"键，在弹出的对话框中单击"确定"按钮，插入表格，建立的超级表可以实现数据的实时更新，如图 5-11 所示。

第二步：选择"插入"→"数据透视表"命令，单击"确定"按钮，插入数据透视表，如图 5-12 所示。

第三步：将"年"字段拖入"行"区域，将"社会物流总额：累计值（万亿元）"字段拖入"值"区域，结果如图 5-13 所示。

数据透视表可以按照"行"的字段属性对数据进行汇总展现。例如，在图 5-13 中，以"年"作为"行标签"，数据透视表便能自动把原本的每日数据汇总成年度数据，非常便捷。

由于是在超级表格的基础上插入的数据，因而原始表格中的数据发生变动（例如删减、增加或修改）后，只需要单击"数据透视表分析"功能栏下的"刷新"按钮，数据透视表中的数据就能实现实时更新，不用重新新建数据透视表。

图 5-11　超级表格

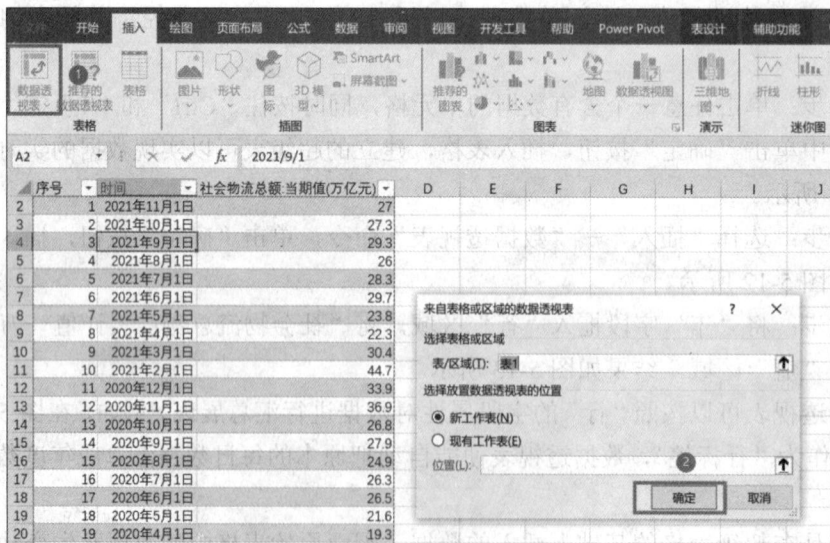

图 5-12　插入数据透视表

　　第四步：插入数据透视图。单击"数据透视表分析"功能栏下的"数据透视图"
按钮，选择合适的图表类型插入。为了更好、更直观地反映 2004—2021 年全国物流行
业总产值的情况，这里选择插入簇状柱状图，如图 5-14 所示。

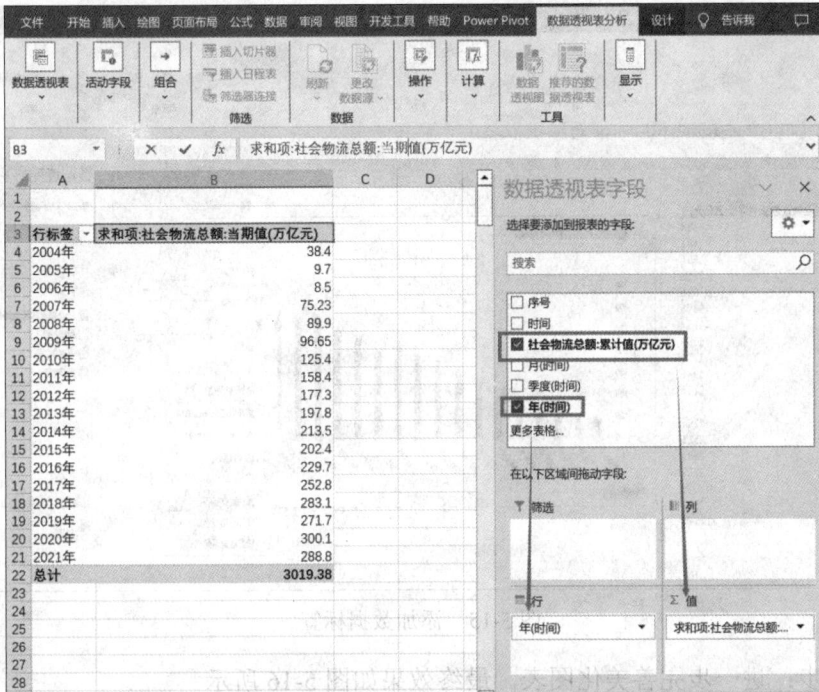

图 5-13 数据透视表

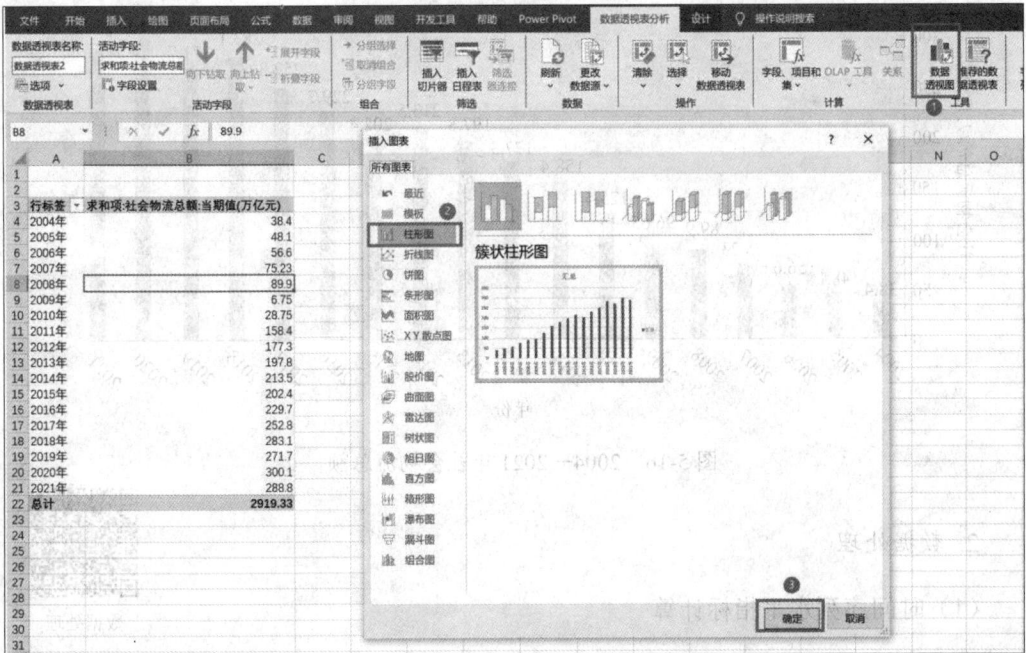

图 5-14 插入柱状图

第五步：为了在柱状图中也可以看到物流业总额的具体数值，可以选中柱形线条后右击，在弹出的快捷菜单中选择"添加数据标签"命令，如图 5-15 所示。

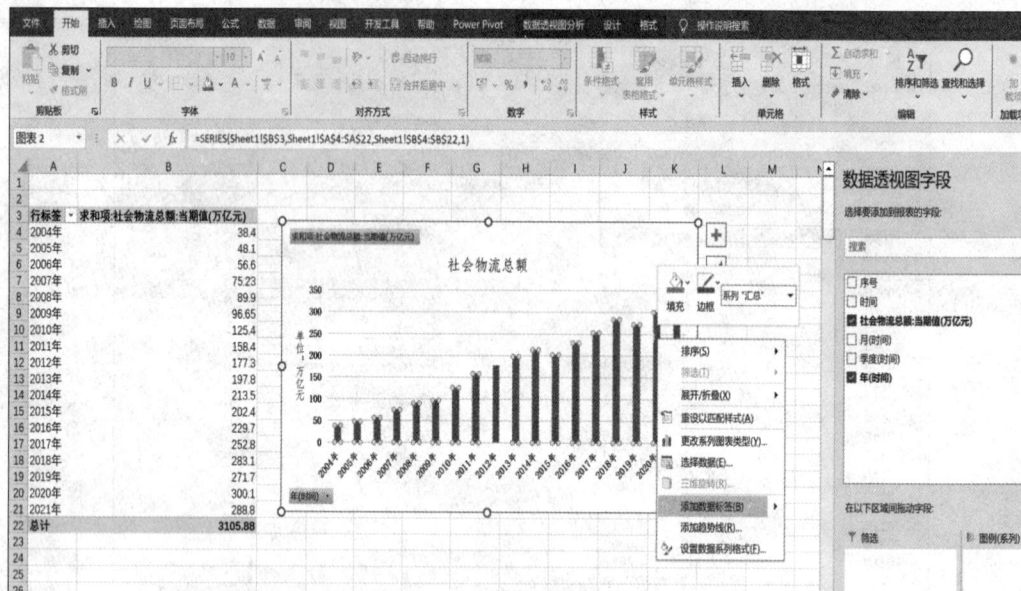

图 5-15　添加数据标签

第六步：进一步完善美化图表，最终效果如图 5-16 所示。

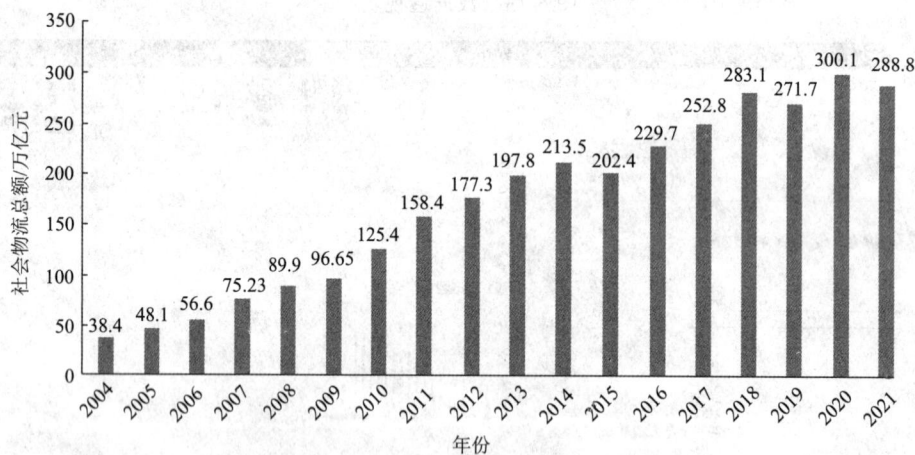

图 5-16　2004—2021 年社会物流总额

2. 数据处理

（1）时间序列水平指标计算

数据处理

练一练

根据处理汇总得到的 2004—2021 年社会物流总额表格数据，在 Excel 中完成时间序列的逐期增长量、累计增长量计算。

（2）时间序列速度指标计算

练一练

　　根据处理汇总得到的 2004—2021 年社会物流总额表格数据，在 Excel 中完成时间序列的定基发展速度、环比发展速度、定基增长速度、环比增长速度计算。

（3）可视化

将计算的水平指标与速度指标汇总在一张 Excel 表内，选中环比指标通过组合图进行可视化。

第一步：选中 A1:S2 单元格，按住"Ctrl"键再选中 A6:S6 单元格和 A8:S8 单元格，如图 5-17 所示。

图 5-17　社会物流总额时间序列指标

第二步：选择"插入"→"推荐的图表"命令，选择组合图，在右侧下方的"环比发展速度"和"发展增长速度"的图表类型中均选择"折线图"，并选中后面的"次坐标轴"复选框，单击"确定"按钮，如图 5-18 所示。

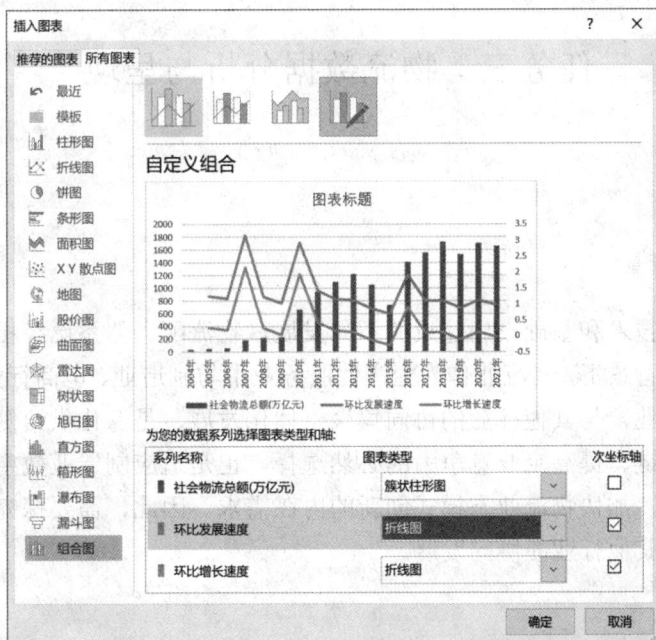

图 5-18　插入图表

第三步：对复合图进行完善美化，最终效果如图 5-19 所示。

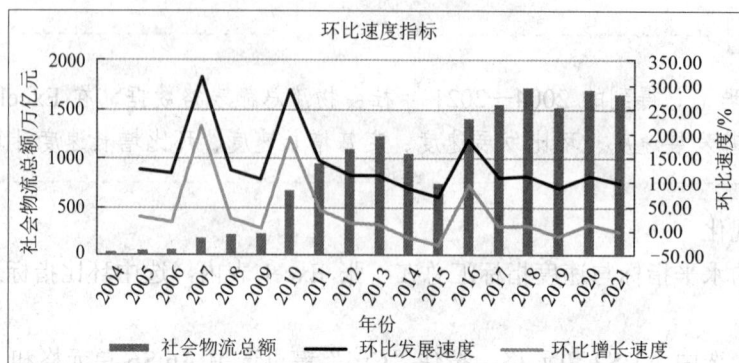

图 5-19　环比速度指标

由图 5-19 可知，2004 年以来物流行业处于持续发展中，特别是 2009—2013 年，随着互联网电商的突破和普及，我国物流行业处于快速发展期，增速显著。进入 2013—2015 年，整个行业经济处于停滞衰退状态，但随后又恢复了之前的增势，特别是 2016 年产值增长速度达到新高。近年来，物流行业日渐成熟，一直处于扎实稳步发展中。

练一练

获取物流业增加值指标、物流总费用指标和国内生产总值指标数据，分别计算其水平指标与速度指标，进行指标可视化并简单分析。

任务三　物流数据分析与呈现

一、任务情景

（一）任务背景

随着智能化技术和基础设施建设的不断发展，物流配送体系已经相当完善。在产业协同发展战略背景下，物流业作为生产性服务业中与制造业、电商行业等关联性强、互动性密切的产业，与其他行业的协同集聚一体化发展，是深化供给侧结构性改革、构建制造业供应链、提高企业竞争力的必然选择，也是适应制造业数字化、智能化、绿色化发展趋势，加快物流业态模式创新的内在需求。因此，需要探究物流行业未来的发展趋势及与其他行业的协同发展。

（二）任务布置

利用动态分析的时间序列预测方法来预判物流行业未来几年的发展状态，设定科学合理的发展目标。通过产业间耦合协调度模型判断物流行业与电商行业的协同发展情况。

1. 任务思考

（1）可以从哪些方面评估物流行业的发展现状？
（2）怎样分析一个行业的发展趋势？
（3）如何理解"预测"？
（4）行业之间协调发展的重要性体现在哪里？

2. 实验操作

（1）根据物流年产值数据，用时间序列模型的移动平均法进行预测。
（2）根据物流年产值数据，用时间序列模型的指数平滑法进行预测。
（3）建立物流-电商行业耦合度模型。

二、工作准备

（一）知识准备

探究物流行业发展的影响因素需要将静态分析和动态分析相结合。静态分析是一种静止地、独立地考察研究对象的方法，如对某个时点的物流市场价值的分析；动态分析是对考察对象动态变动的实际过程进行分析，如物流市场预测模型的建立就是时间序列动态分析的过程。要探究物流行业与其他行业发展的影响关系则需要建立耦合协调度模型，通过模型结果判断两行业或者多行业间的协同发展程度。

1. 时间序列分析

时间序列分析是一种描述动态数据统计特点的理论和方法，它利用有限的数据样本拟合具有一定精度的时间序列模型。在建立时间序列模型之前，必须对所获得的数据进行平稳性、动态性、独立性、周期性和趋势检验，目的是确保建立随机序列的可靠性和置信度。时间序列模型在预测领域有着广泛的应用，建立时间序列模型的重要目的之一就是预测或预报，预测的目的是使时间序列未来值的预测误差尽可能小，所以时间序列分析常用在国民经济宏观控制、区域综合发展规划、企业经营管理、市场潜量预测、气象预报、水文预报、地震预警等方面。下面介绍时间序列常用的两种预测方法。

（1）移动平均法

移动平均法是用一组最近的实际数据值来预测未来一期或几期内数据值的方法，常用于公司产品需求量等的预测。由于历史各期产品需求的数据信息对预测未来期内的需求量的作用是不一样的，离预测期越远，变量的影响力就会越低，所以赋予的权重也相应越低，称为加权移动平均，其计算公式为

$$F_t = w_1 A_{t-1} + w_2 A_{t-2} + \cdots + w_n A_{t-n}$$

式中，F_t 表示 t 期加权移动平均数；A_i 表示第 i 期变量；w_i 表示第 i 期的权重。特别地，当对每期赋予相同权重 $\frac{1}{n}$ 时，则变为简单移动平均。

（2）指数平滑法

指数平滑法是特殊的加权移动平均法，一般来说，历史数据对未来值的影响是随时间间隔的增长而递减的，其加权的特点就在于权数由近到远按指数规律递减，所以这种方法称为指数平滑法，其计算公式为

$$y_{t+1} = \alpha X_t + (1-\alpha) y_t$$

式中，y_{t+1} 表示 $t+1$ 期的预测值，即 t 期的平滑值；y_t 表示 t 期的预测值，即上一期 $t-1$ 的平滑值；X_t 表示 t 期的实际值；α 表示平滑系数；$(1-\alpha)$ 表示阻尼系数，阻尼系数越小，近期实际值对预测结果的影响越大。

2. 耦合协调度分析

耦合协调度模型用于分析事物的协调发展水平。耦合度指两个或两个以上系统之间相互作用和影响，实现协调发展的动态关联关系，可以反映系统之间的相互依赖、相互制约程度。设多个系统发展水平的函数分别为 U_1、U_2、U_3、……、U_n，则这 n 个系统的耦合度函数为

耦合协调度分析

$$C_n = \sqrt[n]{\frac{U_1 \times U_2 \times \cdots \times U_n}{\left(\dfrac{U_1 + U_2 + \cdots + U_n}{n}\right)^n}}$$

n 个系统的综合评价得分为

$$T_n = \alpha_1 U_1 + \alpha_2 U_2 + \cdots + \alpha_n U_n$$

式中，$\alpha_1, \alpha_2, \cdots, \alpha_n$ 表示待定系数，即各系统在综合评价得分中所占的权重，且 $\alpha_1 + \alpha_2 + \cdots + \alpha_n = 1$。

耦合协调度的计算公式为

$$R_n = \sqrt{C_n \times T_n}$$

耦合协调度 R 越大，代表协同效果越好；反之，耦合协调度 R 越小，代表协同效果越差。当 $R \in (0, 0.2]$ 时属于严重失调；当 $R \in (0.2, 0.4]$ 时属于中度失调；当 $R \in (0.4, 0.6]$ 时属于初步协调；当 $R \in (0.6, 0.8]$ 时属于中度协调；当 $R \in (0.8, 1.0]$ 时属于高度协调。

注意：在使用耦合协调度模型前需要先用熵权法确定各个系统的综合权重。

拓展阅读

熵权法是一种客观赋权方法，它根据各项指标数据信息含量的大小来确定权重，数据提供的信息量越大，则不确定性就越小，熵也越小。为了更好地进行纵向比较，

假设有 t 个年份、m 个被评价对象、n 个评价指标，则 X 为第 0 年 i 省份的第 j 项评价指标数值，具体计算步骤如下。

第一步：采用极值法对各项指标数据进行标准化处理。

$$X'_{\theta_{ij}} = \frac{X_{\theta_{ij}} - X_{j_{min}}}{X_{j_{max}} - X_{j_{min}}} \quad （正向化）$$

$$X'_{\theta_{ij}} = \frac{X_{j_{max}} - X_{\theta_{ij}}}{X_{j_{max}} - X_{j_{min}}} \quad （逆向化）$$

第二步：计算指标比重。

$$P_{\theta_{ij}} = \frac{X'_{\theta_{ij}}}{\sum_{\theta=1}^{t}\sum_{i=1}^{m}X'_{\theta_{ij}}}, \theta = 1,2,\cdots,t; i = 1,2,\cdots,m$$

第三步：计算指标熵值。

$$e_j = -k\sum_{\theta=1}^{t}\sum_{i=1}^{m}P_{\theta_{ij}}\ln(P_{\theta_{ij}}), k > 0, k = \frac{1}{\ln t}$$

当 $P_{\theta_{ij}} = 0$ 时，令 $P_{\theta_{ij}} \times \ln(P_{\theta_{ij}}) = 0$。

第四步：计算指标权重。

$$w_j = \frac{1-e_j}{\sum_{j=1}^{n}(1-e_j)}$$

第五步：计算综合得分。

$$U_{\theta_{ij}} = \sum_{j=1}^{n}W_j X'_{\theta_{ij}}$$

（二）业务要领

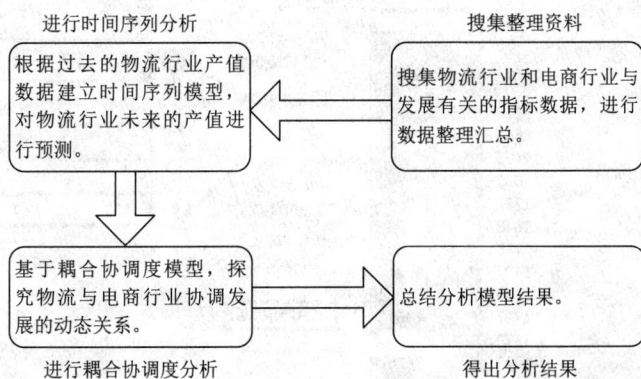

三、训练操作

1. 物流行业发展趋势预测

用"社会物流总额数据.xlsx"文件进行建模预测。

（1）简单移动平均法

第一步：在"数据"选项卡下的"分析"功能区中单击"数据分析"按钮，在弹出的对话框的"分析工具"列表中选择"移动平均"，单击"确定"按钮，如图 5-20 所示。

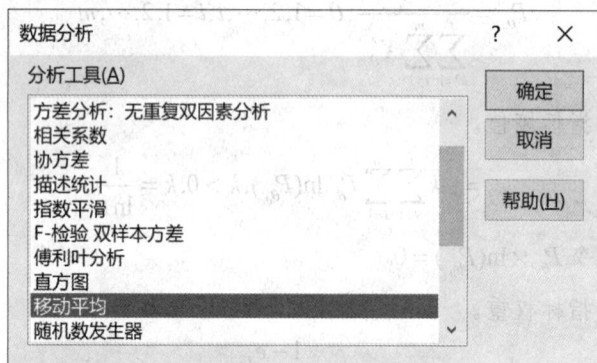

图 5-20　分析工具库-移动平均

第二步："输入区域"选择 2004—2021 年社会物流总产值"$B$2:$B$19"；设定周期为 2，因此在"间隔"后的文本框中输入 2；"输出区域"选择"C 列移动平均"列下的"$C$3"单元格；选中"图表输出"复选框，单击"确定"按钮便得到如图 5-21 所示的移动平均值和如图 5-22 所示的移动平均实际值与预测值误差结果。

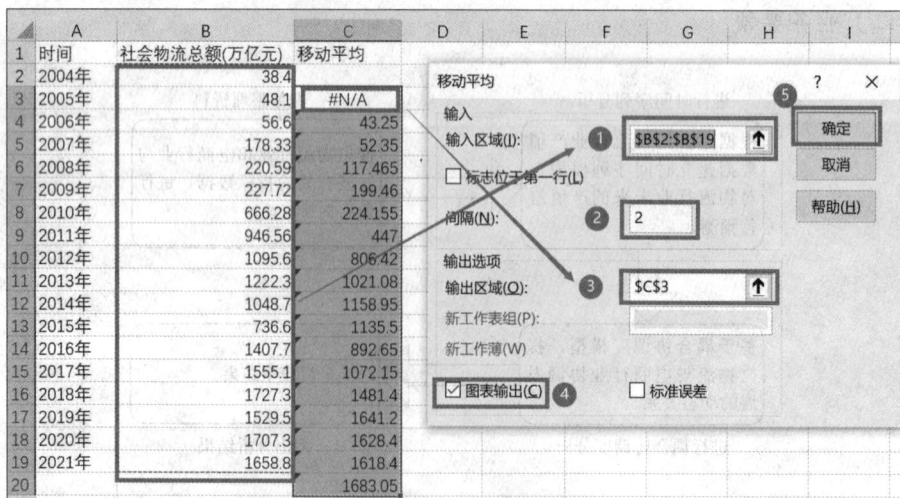

图 5-21　移动平均

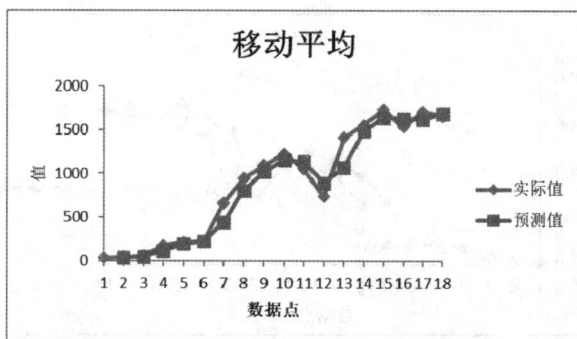

图 5-22 移动平均实际值与预测值误差

（2）指数平滑法

第一步：在"数据"选项卡下的"分析"功能区中单击"数据分析"按钮，在弹出的对话框的"分析工具"列表中选择"指数平滑"，单击"确定"按钮，如图 5-23 所示。

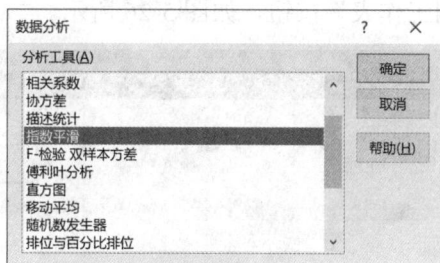

图 5-23 分析工具库-指数平滑

第二步："输入区域"选择 2004—2021 年社会物流总产值"$B$2:$B$19"；对于时间序列波动较小的，阻尼系数可以相应小一些，在此设定"阻尼系数"为 0.1；"输出区域"选择"D 列指数平滑"列下的"$D$3"单元格；选中"图表输出"复选框，单击"确定"按钮便得到如图 5-24 所示的指数平滑值和如图 5-25 所示的指数平滑实际值与预测值误差。

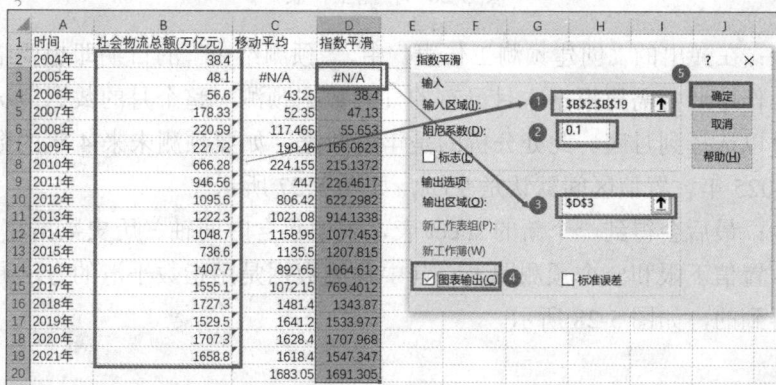

图 5-24 指数平滑值

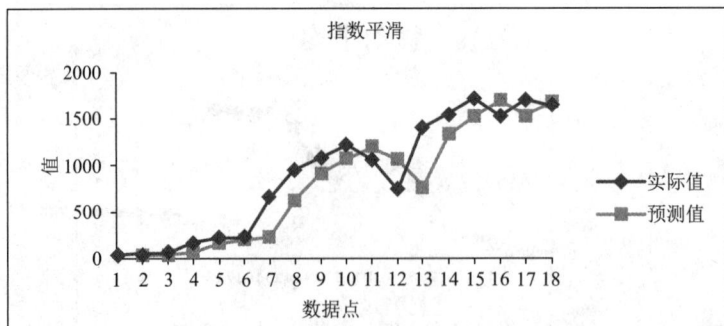

图 5-25　指数平滑实际值与预测值误差

（3）预测工作表

Excel 有一个非常强大且实用的功能——数据预测工作表，可以基于历史时间数据来预测未来任一时间段内的数据，其基本原理就是移动平均法和指数平滑法。

第一步：选中包含时间轴和数据的数据源"A1:B19"，在"数据"选项卡下的"预测"功能区中单击"预测工作表"按钮，如图 5-26 所示。

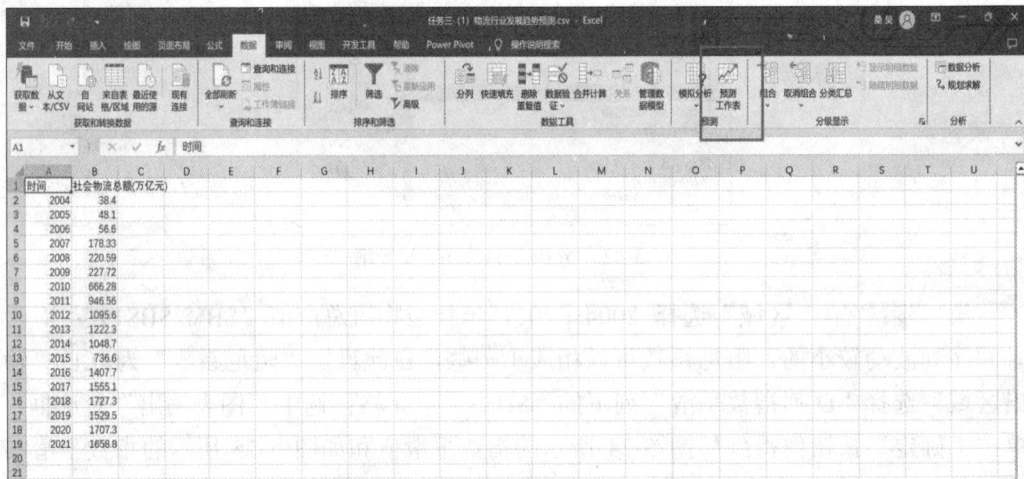

图 5-26　预测工作表

第二步：在弹出的"创建预测工作表"中，"预测结束"的日期即想要结束预测的时间，如工作中通常需要根据本月已有的几天数据预测一整个月的数据情况，预测结束日期就可以选择到月底。此处分析的是年度数据，如要预测未来 4 年的数据，结束时间可填 2025 年。置信区间默认是 95%，如图 5-27 所示。

第三步：最后会得到一个新的 sheet 表，表中包含时间轴、历史数据、预测数据、置信上限、置信下限和一个预测图表。其中预测数据是用指数平滑的方法通过预测函数计算而得到的，如图 5-28 所示。

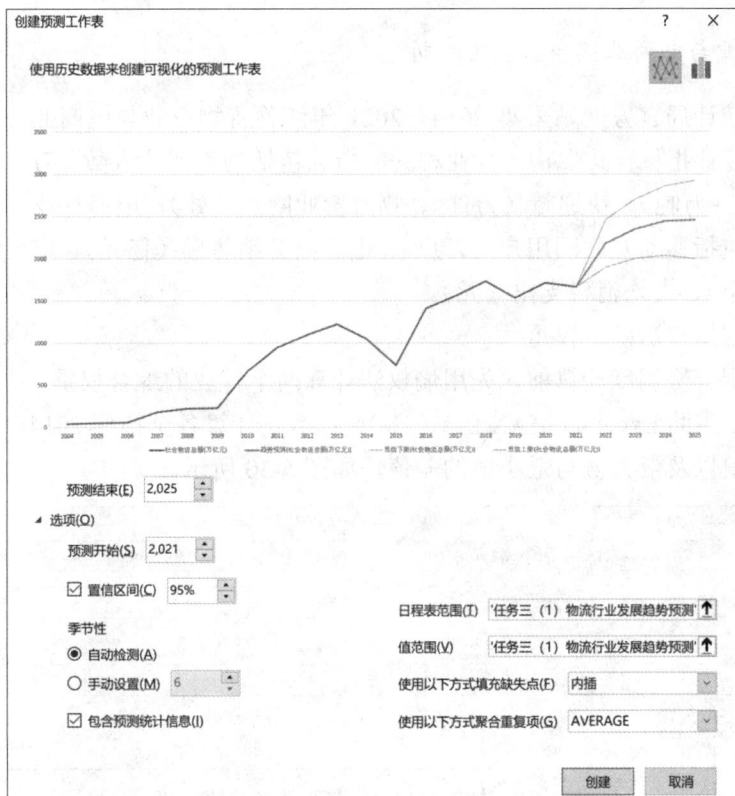

图 5-27 创建预测工作表

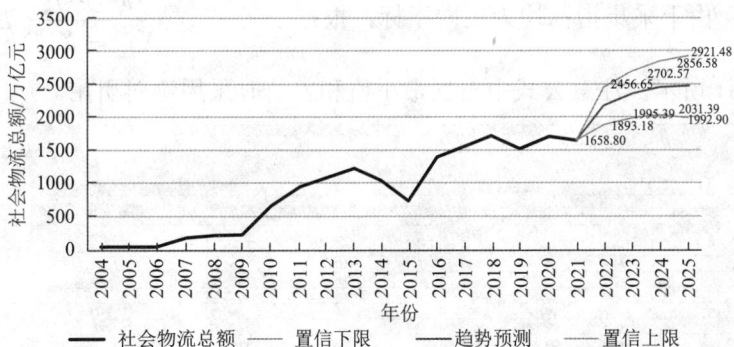

图 5-28 预测图

灰色部分的折线表明了预测的结果,2022—2025 年线性走势表明预测的社会物流总额值结果有 95%的概率在上下两条折线之间的区域内,具体数值范围如图 5-29 所示。

	A	B	C	D	E
1	时间	社会物流总额(万亿元)	趋势预测(社会物流总额(万亿元))	置信下限(社会物流总额(万亿元))	置信上限(社会物流总额(万亿元))
19	2021	1658.8	1658.8	1658.80	1658.80
20	2022		2175.914921	1893.18	2458.65
21	2023		2348.979434	1995.39	2702.57
22	2024		2443.984219	2031.39	2856.58
23	2025		2457.188999	1992.90	2921.48

图 5-29 预测区间

2. 物流业与电商业耦合协调度分析

从国家统计局官方网站采集 2014—2021 年江苏省物流业与电商业相关的宏观行业指标。其中物流行业相关的指标包括物流就业人数（万人）、货运量（万吨）、快递量（万件）、物流营业网点（处），电商行业相关的指标包括移动互联网用户（万户）、电子商务销售额（亿元）、电商企业数（个）、人均消费支出（元）。

操作-耦合协调度分析

（1）采用熵权法确定权重

在进行耦合协调度计算前，先用熵权法计算两个行业的综合权重。

第一步：借助 Excel 的 MAX 函数、MIN 函数，计算各个指标 2014—2021 年的最大值、最小值以及最大值与最小值的差值，如图 5-30 所示。

	A	B		C	D	E	F		G	H	I	J
1	年份	省份		物流业					电商业			
2				物流就业人数（万人）	货运量（万吨）	快递量（万件）	物流营业网点（处）		移动互联网用户（万户）	电子商务销售额（亿元）	电商企业数（个）	人均消费支出（元）
3	2014年	江苏省		49.8	196153	148435.2	11861		6345.36	6234.6	9013	19164
4	2015年	江苏省		49.2	198998	229047.65	10898		6728.9	5193.5	11257	20556
5	2016年	江苏省		49.6	202070	283823.24	12951		7436.86	5351.9	10008	22130
6	2017年	江苏省		48.1	220532	359627.79	15190		9257.65	6576.6	8468	23469
7	2018年	江苏省		46	233157	438935.42	15202		7979.54	8659.9	8939	25007
8	2019年	江苏省		48.3	262749	574060.4	21469		8452.6	9873.8	9844	26697
9	2020年	江苏省		45.5	276640	697680.5	24643		8428.67	13189.1	12511	26225
10	2021年	江苏省		44.9	294678	860653.72	29172		8753.62	13386.1	14337	31451
11												
12		最大值		MAX(C3:C10)	294678	860653.72	29172		9257.65	13386.1	14337	31451
13		最小值		MIN(C3:C10)	196153	148435.2	10898		6345.36	5193.5	8468	19164
14		差值		C12-C13	98525	712218.52	18274		2912.29	8192.6	5869	12287
15												

图 5-30　指标最大值、最小值及差值计算

第二步：由于采集指标均为正向指标，根据公式 $X'_{\theta_{ij}} = \dfrac{X_{\theta_{ij}} - X_{j_{\min}}}{X_{j_{\max}} - X_{j_{\min}}}$ 进行数据标准化，如图 5-31 所示。注意公式中出现最小值和差值时采用绝对引用。

STDEV.S　fx =(C3-C$13)/C$14

	A	B	C	D	E	F	G	H	I	J
1	年份	省份	物流业				电商业			
2			物流就业人数（万人）	货运量（万吨）	快递量（万件）	物流营业网点（处）	移动互联网用户（万户）	电子商务销售额（亿元）	电商企业数（个）	人均消费支出（元）
3	2014年	江苏省	49.8	196153	148435.2	11861	6345.36	6234.6	9013	19164
4	2015年	江苏省	49.2	198998	229047.65	10898	6728.9	5193.5	11257	20556
5	2016年	江苏省	49.6	202070	283823.24	12951	7436.86	5351.9	10008	22130
6	2017年	江苏省	48.1	220532	359627.79	15190	9257.65	6576.6	8468	23469
7	2018年	江苏省	46	233157	438935.42	15202	7979.54	8659.9	8939	25007
8	2019年	江苏省	48.3	262749	574060.4	21469	8452.6	9873.8	9844	26697
9	2020年	江苏省	45.5	276640	697680.5	24643	8428.67	13189.1	12511	26225
10	2021年	江苏省	44.9	294678	860653.72	29172	8753.62	13386.1	14337	31451
11										
12		最大值	49.8	294678	860653.72	29172	9257.65	13386.1	14337	31451
13		最小值	44.9	196153	148435.2	10898	6345.36	5193.5	8468	19164
14		差值	4.9	98525	712218.52	18274	2912.29	8192.6	5869	12287
15										
16			物流业				电商业			
17	年份	省份	物流就业人数（万人）	货运量（万吨）	快递量（万件）	物流营业网点（处）	移动互联网用户（万户）	电子商务销售额（亿元）	电商企业数（个）	人均消费支出（元）
18	2014年	江苏省	=(C3-C$13)/C$14	0	0	0.052697822	0	0.127078095	0.092860794	0
19	2015年	江苏省	0.87755102	0.02887592	0.113184996	0	0.131697049	0	0.475208724	0.11329047
20	2016年	江苏省	0.959183673	0.060055823	0.1900934	0.112345409	0.374790972	0.019334521	0.262395638	0.241393343
21	2017年	江苏省	0.653061224	0.247439736	0.296527799	0.234869213	1	0.168823084	0	0.35037031
22	2018年	江苏省	0.224489796	0.375579802	0.407880744	0.235525884	0.561132305	0.423113541	0.080252172	0.475543257
23	2019年	江苏省	0.693877551	0.675929967	0.597604791	0.578472146	0.723568051	0.571283842	0.234452207	0.613087003
24	2020年	江苏省	0.12244898	0.816919564	0.771175257	0.752161541	0.71535115	0.97595391	0.688873743	0.574672418
25	2021年	江苏省	0	1	1	1	0.82693001	1	1	1
26										

图 5-31　数据标准化

第三步：根据公式 $P_{\theta_{ij}} = \dfrac{X'_{\theta_{ij}}}{\sum\limits_{\theta=1}^{t}\sum\limits_{i=1}^{m}X'_{\theta_{ij}}}$，计算第 i 年份第 j 项指标值的比重，以 2014

年物流就业人数指标为例，其在"C29"单元格中的计算为"=C18/SUM(C$18:C$25)"如图 5-32 所示。

图 5-32 比重计算

第四步：根据公式 $e_j = -k\sum\limits_{\theta=1}^{t}\sum\limits_{i=1}^{m}P_{\theta_{ij}}\ln(P_{\theta_{ij}}), k>0, k=\dfrac{1}{\ln t}$ 进行指标信息熵的计算。先

计算 $P_{\theta_{ij}}\ln(P_{\theta_{ij}})$ 部分，当 $P_{\theta_{ij}}=0$ 时，令 $P_{\theta_{ij}}\times\ln(P_{\theta_{ij}})=0$，所以将表中的"#NUM!"替换为 0。以物流就业人数指标为例，其 e_j 在"C49"单元格中的计算为"=-SUM(C40:C47)/LN(8)"，其信息冗余值 $1-e_j$ 在"C50"单元格中的计算为"=1-C49"。其余指标同理得到其对应的信息熵值和信息冗余值，结果如图 5-33 所示。

图 5-33 信息熵及信息冗余计算

第五步：根据 $w_j = \dfrac{1-e_j}{\sum\limits_{j=1}^{n}(1-e_j)}$ 计算各个指标权重。注意，物流行业下的指标权重公式

中分母部分用"SUM(\$C\$50:\$F\$50)"，电商业下的指标权重公式中分母部分用"SUM(\$G\$50: \$J\$50)"。例如，物流就业人数指标权重计算公式为"=C50/SUM(\$C\$50:\$F\$50)"，电商业中移动互联网用户指标权重计算公式为"=G50/SUM(\$G\$50:\$J\$50)"，得到的结果如图 5-34 所示。

图 5-34　指标权重计算

第六步：将数据标准化结果和计算得到的权重复制到新表，根据 $U_{\theta_{ij}} = \sum\limits_{j=1}^{n} W_j X''_{\theta_{ij}}$ 公

式，先分别计算经过权重计算后的各指标数值，再经过加权得到两个行业最终的综合得分，如图 5-35 所示。

图 5-35　物流业、电商业综合得分

（2）进行耦合协调度计算

令物流业综合指数值为 W，电商业综合指数值为 D，进行耦合度、综合协调指数、耦合协调度的计算。耦合度 $C = \sqrt[2]{\dfrac{W \times D}{\left(\dfrac{W+D}{2}\right)^2}}$ ，综合协调指数 $T = 0.5 \times W + 0.5 \times D$

（$\alpha_1 = \alpha_2 = 0.5$），耦合协调度 $R = \sqrt{C \times T}$。

以 2014 年为例，"F26"单元格内物流业和电商业耦合协调度的计算公式为"=2*SQRT(C26*D26/POWER(C26+D26,2))"，"G26"单元格内物流业和电商业耦合协调度的计算公式为"=(C26+D26)/2"，"H26"单元格内物流业和电商业耦合协调度的计算公式为"=SQRT(F26*G26)"。最终结果如图 5-36 所示。

综合值							
年份	省份	物流业	电商业	耦合度C	综合协调指数T	耦合协调度D	
2014年	江苏省	0.201405673	0.069670212	0.873974027	0.135537942	0.344175306	
2015年	江苏省	0.196458547	0.186141353	0.999636351	0.19129995	0.437298964	
2016年	江苏省	0.270508606	0.196662096	0.987427622	0.233585351	0.480258917	
2017年	江苏省	0.329782793	0.296755903	0.99860969	0.313269348	0.55931548	
2018年	江苏省	0.313580944	0.355525392	0.998033219	0.334553168	0.577836634	
2019年	江苏省	0.634033846	0.505763293	0.993647415	0.569898569	0.752514611	
2020年	江苏省	0.659013781	0.765520197	0.997201121	0.712266989	0.842777218	
2021年	江苏省	0.813956586	0.970572653	0.996141362	0.892264619	0.942773405	

图 5-36 耦合协调度结果

由图 5-36 可知，2014—2016 年，江苏省物流业与电商业两业耦合协调度均值为 0.4 左右，处于中低度失调中，发展步调缺乏一致。但从 2018 年开始，随着数字化经济的发展，两业融合日益密切，耦合度实现了从失调到协调的大跨步。特别是近几年，江苏省物流业与电商业的协同发展一直处于快速提升状态，已经达到了高度协调，总体发展趋势向好。

练一练

（1）在相关网站下载近 20 年物流费用支出数据，选择时间序列中的两种方法预测未来 3 年数据。

（2）通过耦合协调度模型探究物流业与制造业的协同发展情况。

任务四 物流统计分析报告撰写

一、任务情景

（一）任务背景

行业数据统计和分析工作是促进物流行业发展的基础性工作，行业统计报告内容是商业信息、是竞争情报，具有很强的时效性，对于准确把握物流行业运行情况和发展趋势具有重要作用。一般都是利用国家政府机构及专业市场调研组织的一些最新统计数据及调研数据，根据合作机构专业的研究模型和特定的分析方法，经过行业资深人士的分析和研究，做出对当前行业、市场的研究分析和预测。

前面已经介绍了数据采集与处理、数据分析呈现，本任务则是将这些内容组织起来，撰写统计分析报告。

（二）任务布置

统计目标、统计内容不同，最终撰写的统计分析报告也会不同，常见的有调查统计报告和行业报告等。结合本课程所学内容，本任务需要完成如下工作：一是根据项目二大学生快递代拿调查研究内容撰写统计调查分析报告；二是从物流行业宏观角度，探究物流行业近 10 年的发展变化及其影响因素，结合统计知识撰写一篇具有深度的行业统计分析报告。

1. 任务思考

（1）统计分析报告包含哪些内容？
（2）如果要求你撰写一份统计分析报告，你会选择什么主题开展研究？

2. 实验操作

（1）撰写统计分析报告。
（2）根据完成的统计分析报告，制作 PPT 进行汇报演讲。

二、工作准备

（一）知识准备

1. 统计分析报告的基本内容

统计分析报告的基本内容如图 5-37 所示。

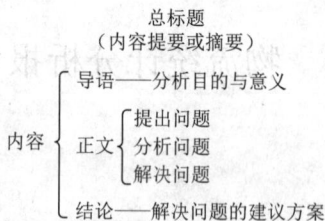

图 5-37　统计分析报告的基本内容

2. 统计分析报告的撰写

（1）统计分析报告的种类

统计分析报告是指以独特的表达方法和结构特点，表现所研究事物本质和规律性的一种应用文章。统计分析报告的类型主要有下列几种：统计公报、进度统计分析报告、综合统计分析报告、专题统计分析报告、典型调查报告。

① 统计公报

统计公报是政府统计机构通过报刊向社会公众公布一个年度国民经济和社会发展情况的统计分析报告。统计公报一般由国家、省一级以及计划单列的省辖市一级的统计局发布，如《国家统计局关于 2020 年国民经济和社会发展统计公报》。

② 进度统计分析报告

进度统计分析报告主要以定期报表为依据，反映社会经济的发展情况，分析其影响和形成的原因，如月度统计分析报告、季度统计分析报告和年度统计分析报告。从时间上看，它可分为定期统计分析报告和不定期统计分析报告、期中统计分析报告和期末统计分析报告；从内容上看，它又可分为专题统计分析报告和综合统计分析报告两种。

③ 综合统计分析报告

综合统计分析报告是从客观的角度，利用大量丰富的统计资料，对国民经济和社会发展的规模、水平、结构和比例关系、经济效益以及发展变化状况，进行综合分析研究所形成的一种统计分析报告。

④ 专题统计分析报告

专题统计分析报告是对社会经济现象的某一方面或某一问题进行专门的、深入研究的一种统计分析报告。它的目标集中，内容单一，不像综合统计分析报告那样，要反映事物的全貌。正因为如此，专题统计分析报告更要求突破时间和空间的限制，根据领导和社会公众的需要灵活选题，做到重点突出，认识深刻。

⑤ 典型调查报告

典型调查报告是根据调查的目的、要求，有意识地选择少数有代表性的单位进行深入实际调查后所写成的报告。深入实际，进行调查研究，是各级领导、各部门了解情况，指导工作经常采用的一种工作方法，习惯上称为"解剖麻雀"，统计上叫作典型调查。

（2）统计分析报告的结构

统计分析报告具有一定的结构，但这种结构并非一成不变，不同的类型、不同的数据都能造成最后的统计分析报告出现结构上的变化。但总体上讲，统计分析报告的结构还是遵守开篇、正文、结尾的模式。统计分析报告的开篇部分包括标题、目录、引言；正文部分主要包括数据分析的过程和统计分析报告的高度概括；结尾部分包括附录等。

① 标题

标题作为统计分析报告的开头，需要十分精练，要一语击中要害。一般而言，标题需要在两行以内完成。一个好的标题不仅能完美展现统计分析报告的主题，而且能够让人从看到的第一眼就无法移开目光，产生浓厚的兴趣阅读下去。

常见的标题类型大致分为以下四种。

➤ 揭示主题。标题直接揭示统计分析报告的主题思想，如《当前能源、原材料价格上涨对我厂工业产品的影响》)。

> 表明观点。标题直接表明作者的观点和看法，如《工业化、城市化是解决我省"三农"问题的必然途径》。

> 设问提问。以设问方式提出统计分析报告所要分析的问题，以引起读者的注意和思考，增强读者的阅读兴趣，如《我市新的经济增长点在何处》。

> 正副标题合用。用正标题高度概括统计分析报告的主要内容，副标题从范围、时间、内容等方面对正标题加以限制、补充或说明，一般在副标题前加破折号"——"，如《十年、十五年，还是二十年-——江西省人均 GDP 赶超全国平均水平的测算与分析》。

② 目录

目录可帮助读者快速找到相应的具体内容，因此目录需要将整篇报告的内容概括出来。

如果是在 Word 中撰写统计分析报告，那么还需要在目录中每一小节后面添上对应的页码，对于比较重要的部分也可以将其单独陈列出来。

③ 引言

引言也称"序言"，主要说明问题的性质，简述调查背景和具体调查问题，并对报告的组织结构做概括。以下是《杭州市地铁运营满意度统计分析报告》的引言：

> 地铁是杭州的新型交通模式，推进地铁建设，有利于解决市民出行的突出矛盾、进一步缓解交通"两难"，有利于优化城市空间布局、推进城乡区域统筹发展。杭州地铁初期规划总计为 10 条线路，杭州地铁 1 号线于 2007 年 3 月 28 日开始建设，2012 年 11 月建成通车，杭州地铁 2 号线、地铁 4 号线于 2011 年 8 月开工建设，地铁其他线路的建设规划正在进行中。正式运营的地铁 1 号线仅一期工程便达到 48 千米，是中国最长的地铁线路之一。它南起萧山湘湖，东北面分别止于杭州下沙高教园区及余杭临平，位于杭州市区最主要的客流走廊之上，共设车站 31 座。
>
> 杭州地铁 1 号线建成通车已近半年，相关媒体多次报道过杭州地铁存在的各种问题，经过我们的初步体验，也发现杭州地铁仍然存在很多问题，包括地铁票价的高低、地铁标志的明显与否、地铁与公交的衔接性等。当下杭州市政府也在努力地寻找改善地铁，使杭州地铁系统趋向成熟的细节和方式，以提升地铁 1 号线的运营质量，这显然是摆在地铁建设与管理部门面前的如何更好地服务乘客的一个紧迫的课题。
>
> 获得地铁 1 号线广大乘客的反馈，了解并总结地铁 1 号线正式运营以来的经验与存在的不足，是提升地铁 1 号线运营质量的前提，也是更好地建设与管理后续各条地铁线运营之必需，此时对 1 号线进行满意度调查特别必要。本调研组旨在通过非官方的问卷调查，努力客观地反映杭州地铁运营的满意度，分析杭州地铁 1 号线运营中存在的问题和不足，为相关地铁建设与管理部门提供一定的地铁建设和改善运营方面的建设性的建议。

④ 正文

正文是报告的主体部分。统计分析报告一般都是按照"提出问题—分析问题—解决问题"的顺序来展开报告的内容，大致可分为四个部分：一是说明基本情况和所要分析的问题，二是根据问题和有关资料进行分析，三是通过分析得出结论，四是提出建议。以下是某市中心支行撰写的《对某市个人消费信贷业务开展情况的调查》，共写了五个部分：

1. 辖内居民收入水平和消费水平情况；
2. 辖内消费信贷业务开展的基本情况；
3. 消费信贷规模和结构变化情况；
4. 制约消费信贷业务发展的因素分析；
5. 进一步拓展消费信贷业务的几点建议。

⑤ 附录

附录是指报告正文中没有提及，但与正文有关，必须加以说明的部分，主要体现为资料的列示，如市场调查活动中的所有技术性细节，以及调查问卷、统计方法和相关的参考文献等。

（二）业务要领

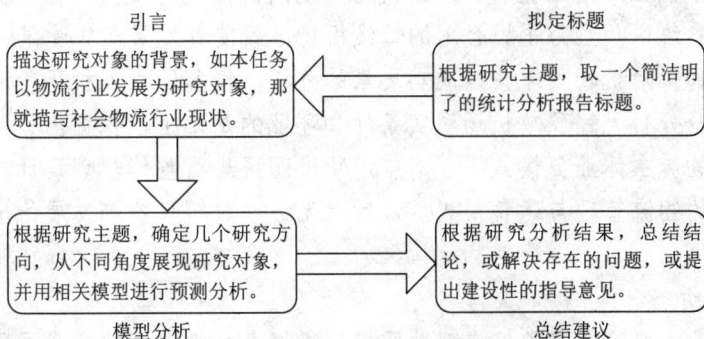

三、训练操作

如果现在要围绕我国的空港物流业发展现状与趋势撰写一篇统计分析报告，那么应该包括哪些内容？如何开展呢？可以通过《航空物流产业规划发展研究——以无锡硕放机场为例》熟悉统计分析报告的结构，根据结构来组织具体内容。

航空物流产业规划发展研究——以无锡硕放机场为例

1. 国内外航空货运发展现状

2019 年，我国民航运输保持持续增长态势，货邮运输量超过 750 万吨。随着我国民用航空业的发展，尤其是民航货运的进步，我国民航货邮运输量不断增加。2012—2019年，民航货邮运输量复合年增长率约为4.7%。据民航局统计快报统计，2019年全行业完成货邮运输量753.2万吨，同比增长2.1%，如图5-38所示。

图5-38 2012—2019年民航货邮运输量走势图

2. 无锡硕放机场的定位与问题（节选）

无锡硕放机场地处长三角的几何中心，且最靠近苏南核心，位于长三角经济区的核心腹地，1小时经济圈完全包含苏州、无锡、常州三市，经济腹地异常优越。但无锡硕放机场处于以上海浦东机场和虹桥机场、杭州萧山机场及南京禄口机场为代表的长三角多机场系统中，且为军民合用的二线机场，致使其发展严重受限。

本报告将通过对机场物流关键成功要素的分析，借鉴国内外机场物流发展的成功经验，并在充分分析无锡硕放机场现实条件和环境的基础上，挖掘出适合无锡硕放机场物流发展的物流主体业务模式，并对空港物流园区进行整体规划设计，总结出适合无锡硕放机场的物流管理与运营模式，最后对无锡硕放机场物流发展给出切实可行的实施策略。

3. 区域分析

机场货邮业务量稳步增长，东部地区机场货邮吞吐仍占主导。我国民用运输机场货邮吞吐量逐年提高。2012—2019年，货邮吞吐量累计增长36.5%。2019年，全国民航运输机场完成货邮吞吐量1709.6万吨，同比增长2.1%。

分地区来看，受各地区经济发展水平和商品产销影响，不同地区民用运输机场货邮吞吐量差距较大。2019年，我国东部地区货邮吞吐量为1245.40万吨，占比72.85%；中部地区机场货邮吞吐量为124.70万吨，占比7.29%；西部地区机场货邮吞吐量为279.20万吨，占比16.33%；东北地区机场货邮吞吐量为60.3万吨，占比3.53%（图5-39）。

2019年我国民用运输机场货邮吞吐量按地区分布情况

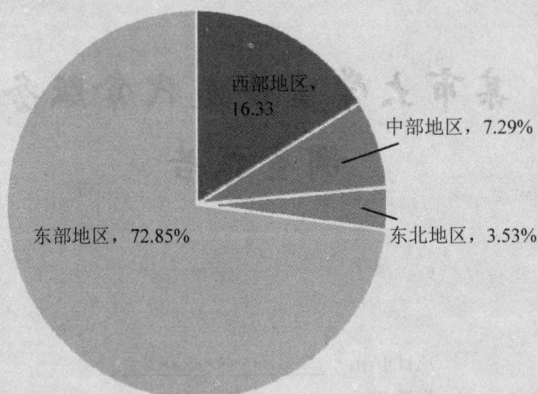

图5-39 我国民用运输机场货邮吞吐量按地区分布情况

4. 建议对策

（1）构建综合交通体系，增强港区畅通衔接能力

以无锡硕放机场航站楼交通中心为核心，构建以轨道交通为支撑的机场综合交通运输体系。近期利用地铁服务无锡新区站与机场换乘，无锡东站利用城际铁路实现与机场联系，加快推进市郊轨道线的开工建设，开展轨道前期规划研究工作；规划建设无锡硕放机场至苏州市域的快速道路，建立货运专用快速通道，配套建设智慧交通引导系统，实现"客货分离、进出分离、集疏高效"；积极推动空陆联运服务，支持以苏南国家自主创新示范区为重点构建卡车航班集散分拨组织体系，尽快实现货源地通关。

（2）培育航空枢纽经济，激发港产联动发展能力

集聚航空新经济、新业态，借助无锡硕放机场的航空货运信息化平台，打造跨境电商物流分拨中心、供应链管理中心和金融结算中心，大力培育货代、报关等配套服务产业，推进航空物流与跨境电商深度融合发展，同时加大对冷链、快件、电商三大新兴业态的支持力度，打造航空货运发展新业态。以延伸航空产业价值链为基础，构建旅客与物流服务两大产业链，大力发展航空物流、机场商业、高新产业三大重点业态，积极发展地面运输、贵宾服务、航食服务、酒店餐饮、通用航空五大关联业态，提高航空运输服务能力和水平。

（资料来源：节选自《无锡苏南国际机场物流产业规划及发展策略研究》）

练一练

各项目小组以《某市大学生快递代拿服务调查报告》为题，撰写统计调查报告。报告的封面如图5-40所示。

××××职业学院大学生统计调查与分析
项目作品

某市大学生快递代拿服务

调查报告

项目小组： ×××××××××

指导老师： ××××

团队成员： ×××××

提交日期： ××××年×月×日

图 5-40　某市大学生快递代拿服务调查报告封面

参 考 文 献

李杰顺，张琴，2018．统计学基础[M]．北京：清华大学出版社．

汱建红，姬忠莉，2022．统计学基础及应用[M]．北京：人民邮电出版社．

阮敬，刘帅，2022．Python 数据分析基础[M]．北京：中国统计出版社．

宗方，2022．统计与大数据基础思维方法导论[M]．北京：中国统计出版社．

参考文献

[1] 李明, 王芳. 2018. 建筑信息模型应用[M]. 北京: 清华大学出版社.

[2] 张华, 刘强. 2022. 智慧建筑与数字孪生[M]. 上海: 人民邮电出版社.

[3] 陈伟, 赵敏. 2023. Python 程序设计与实践[M]. 北京: 中国建筑工业出版社.

[4] 刘洋. 2025. 建筑工程施工组织与管理实务[M]. 武汉: 中国地质出版社.